解析不等式的若干问题

(第二版)

○胡克 著

Mathematics Studies

数学探究

武汉大学出版社
WUHAN UNIVERSITY PRESS

图书在版编目(CIP)数据

解析不等式的若干问题/胡克著.—2版.—武汉:武汉大学出版社,2007.3

ISBN 978-7-307-05449-3

Ⅰ.解… Ⅱ.胡… Ⅲ.不等式—研究 Ⅳ.O178

中国版本图书馆CIP数据核字(2007)第024275号

责任编辑:顾素萍　　责任校对:王　建　　版式设计:杜　枚

出版发行:**武汉大学出版社**　(430072　武昌　珞珈山)

(电子邮件:wdp4@whu.edu.cn 网址:www.wdp.com.cn)

印刷:武汉市楚风印刷有限公司

开本:787×1092　1/16　印张:9.875　字数:170千字　插页:1

版次:2003年9月第1版　2007年3月第2版

2007年3月第2版第1次印刷

ISBN 978-7-307-05449-3/O·354　定价:17.00元

第二版前言

本书是在 20 世纪为研究生撰写教材而逐年增加的科研成果基础上，经不断充实编写而成的. 其中部分内容曾多次在为数学系高年级学生开"数学分析选讲"选修课中讲授，引起学生提问题、想问题、研究问题的兴趣，拓展了他们的思路，深受学生的欢迎.

本书思路是"从研究单复变一些问题出发，去研究基础不等式创建与改进，所得结果返回来再用到单复变函数一些问题上来"，本书内容重点放在研究基础不等式创建与改进上. 我们知道基础不等式对分析数学理论与应用的深化和发展起着非常重要的作用，如著名的 Hölder 不等式：

$$\sum a_k b_k \leqslant (a_k^p)^{\frac{1}{p}} (b_k^q)^{\frac{1}{q}},$$

其中 $p>1$，$q=\dfrac{p}{p-1}$，当且仅当 $a_k^p=tb_k^q$，$k=1,2,\cdots$时等号成立. 在数学分析理论与应用的发展和深化过程中，这确是一块不可缺少的基石. 但在应用时，条件 $a_k^p=tb_k^q$ 对于所有 k 成立往往得不到满足，有时与我们所要求达到的结果相去甚远. 1981 年著者创建了一个新的基础不等式，以弥补其缺陷. 这个不等式发表后，《美国数学评论》誉为是"一个杰出的、非凡的新的不等式". 2001 年著者又创新了另一个基础不等式. 两个新创建的不等式导出一系列已推证的不等式和定理实质上的改进与推广或证明的简化. 例如Hilbert 不等式、Hardy 不等式、Opial-华罗庚型积分不等式的推广等. 特别对 Fejer-Riesz 定理的推广与改进，Jenkins 定理的改进与证明的简化，以及单叶函数偏差定理的改进，指出了 H_p 函数和单叶函数中一些缺陷，对其研究领域的深入和发展有重要作用. 本书只介绍专业知识较少的新结果. 对于单叶函数一些重要问题的解决与改进，请参看著者撰写的《单叶函数的若干问题》一书.

在此非常感谢徐利治教授和高明哲教授将著者创新的两个基础不等式，记入了他们合写"Hilbert 不等式的各种精华与拓广综述"一文中(英文版). 该文发表于《数学研究与评论》(25 卷第二期，2005 年). 其中共收入了著者 8

个不等式. 还要感谢湖南师范大学匡继昌教授，在《不等式研究通讯》，2002年第一期，高度评价著者 1951 年《中国科学》第二期发表的“一个不等式及其若干应用”一文. 后来，又在他的巨著《常用不等式》第三版再度言及，并收入著者二十多个不等式. 其中有 6 个记为“胡克不等式”.

本书阐述了常用解析不等式几类重要的部分，共分 6 章，现对各章分别介绍如下：

第 1 章介绍三个基础不等式的概念及相关的著名定理，如算术平均与几何平均定理，Hölder 不等式和 Minkowski 不等式. Hardy 等在其名著《不等式》中再三强调其极为重要.

第 2 章阐述著者创建的两个基础不等式，并给出一系列著名不等式实质上的改进与推广. 特别对 Jenkins 定理的改进，在此要提一下的是，Jenking 于 1954 年用深刻的理论、较长的篇幅(27 个页面)证明了对 Bieberbah-Eilenberg 函数的一个重要定理，后来夏道行于 1955 年用了 17 个页面再次证明. 但著者不到一个页面给出改进与证明. 美国数学评论(83m：26019)称之为“杰出非凡的定理，证明相对来说是初等的”.

第 3 章重点是利用著者所创建的两个不等式，给予 Hilbert 型、Hardy 型各种不等式的推广与改进. 本章我们还介绍了徐利治教授有卓越远见的问题：Hilbert 型权系数估计. 还有匡继昌教授特种 Hilbert 型不等式. 对Fejer-Riesz 定理的推广与改进，指出了 H_p 函数理论的一个缺陷，留给大家一个研究空间.

第 4 章阐述了凸函数的经典结果及近年来有关的新成果.

第 5 章阐述一些重要不等式的单调性及其应用，以及 Opial-华罗庚型积分不等式在微分方程和差分方程中的重要应用. 并在减轻原所设条件下对长达 30 年之久的 Opial-华罗庚型积分不等式问题给予解决.

第 6 章介绍单调函数或单调数列形式不等式及其应用，如著名的 Tchebychef 不等式. 给出 Fejer 猜想的 Turan 的惊奇及简短的证明，有关数列重排的著名 Polya 不等式改进的叙述，以及 Hardy-Littlewood 极大值定理的证明等.

希望本书能给读者以启发，从中获得研究问题的信心，并在工作中取得有创造性的科研成果，以推进和完善前人的业绩.

著 者

2006 年 12 月

第一版前言

本书源于著者在给数学专业高年级本科生和研究生开设的选修课中，为引发听者对数学研究的兴趣，而讲授的一系列不等式的创建和应用问题. 在数学研究中大家要注意如下 10 个要点：从无到有，从易到难，由小到大，由浅入深，删繁就简，去粗取精，异中求同，同中察异，美满中察不足，不足中求美满. 本书正是这十大要点的体现.

本书大部分内容为作者的科研成果. 共分五章，扼要介绍如下：

第 1 章介绍基础关系式和 Hölder 不等式的发展中有关的经典不等式.

第 2 章建立了两个新的不等式，以弥补应用 Hölder 不等式之不足，并使得许多重要的不等式得以改进.

第 3 章阐述了某些重要不等式的性质，解决了长达 30 年之久的 Opial-华罗庚型积分不等式问题.

第 4 章是各种 Hilbert 类型不等式的改进和推广，显示了第 2 章所建的两个不等式的作用.

第 5 章介绍了凸函数的经典结果及近年来有关的新成果.

本书中很少部分提到的有关复变函数的一些结果与定理，若读者不熟悉的话，可以视其为给定的条件来对待，这不会影响本书的阅读.

由于著者水平所限，错误在所难免，希望读者指正.

著 者

2003 年 6 月

目 录

第 1 章

三个基础不等式及其相关的定理

算术平均与几何平均定理、Hölder不等式和Minkowski不等式为分析中三个基础不等式. Hardy 等在所著《不等式》中强调了此三个基础不等式的重要性.《不等式》前六章全用这三个不等式来论述，并从许多不同的途径来证明它们. 在此我们给予简单的叙述，并阐述与它们相关的一些重要定理.

我们知道，Cauchy-Schwarz 不等式、Hölder 不等式在数学基础理论和应用上起着非常重大的作用，而且 Hölder 不等式是 Cauchy-Schwarz 不等式的推广. 这些不等式源于一个简单的基础关系式：

$$x^{\alpha}y^{1-\alpha} \leqslant \alpha x + (1-\alpha)y, \quad x,y \geqslant 0,\ \alpha \in [0,1]. \tag{*}$$

本章我们首先介绍这些经典不等式以及它们的推广和应用. 目的在于观察它们的发展、壮大、精妙和“美中不足”. 后几章将用事实说明，我们如何发展、创新，如何弥补一些著名定理、等式的“美中不足”.

1.1 Cauchy-Schwarz 不等式

下面给出 Cauchy-Schwarz 不等式的三个证明.

定理 1.1.1 (Cauchy-Schwarz 不等式) 设 a_k, b_k $(k=1,2,\cdots,n)$ 为实数列，则

$$\left(\sum_{k=1}^{n} a_k b_k\right)^2 \leqslant \left(\sum_{k=1}^{n} a_k^2\right)\left(\sum_{k=1}^{n} b_k^2\right), \tag{1.1.1}$$

当且仅当 $a_k = tb_k$ $(k=1,2,\cdots,n)$ 时等号成立.

证 1 设 A_k, B_k 为正实数. 由 $(A_k - B_k)^2 \geqslant 0$，可知

$$A_k B_k \leqslant \frac{1}{2}(A_k^2 + B_k^2). \tag{1.1.2}$$

在(1.1.2)中，对 k 求和，得

$$\sum_{k=1}^{n} A_k B_k \leqslant \frac{1}{2}\left(\sum_{k=1}^{n} A_k^2 + \sum_{k=1}^{n} B_k^2\right). \tag{1.1.3}$$

取 $A_k = a_k \Big/ \left(\sum_{k=1}^{n} a_k^2\right)^{\frac{1}{2}}$，$B_k = b_k \Big/ \left(\sum_{k=1}^{n} b_k^2\right)^{\frac{1}{2}}$，代入(1.1.3)式即得(1.1.1).

证 2 (1.1.1)式也可直接由 Lagrange 恒等式

$$\left(\sum_{k=1}^{n} a_k^2\right)\left(\sum_{k=1}^{n} b_k^2\right) - \left(\sum_{k=1}^{n} a_k b_k\right)^2 = \frac{1}{2}\sum_{r,k=1}^{n} (a_r b_k - a_k b_r)^2 \geqslant 0 \tag{1.1.4}$$

得出.

证 3 设 x 为实数. 因

$$\sum_{k=1}^{n} (a_k x + b_k)^2 = x^2 \sum_{k=1}^{n} a_k^2 + 2x \sum_{k=1}^{n} a_k b_k + \sum_{k=1}^{n} b_k^2 \geqslant 0,$$

所以

$$\Delta = \left(2\sum_{k=1}^{n} a_k b_k\right)^2 - 4\left(\sum_{k=1}^{n} a_k^2\right)\left(\sum_{k=1}^{n} b_k^2\right) \leqslant 0.$$

因此(1.1.1)式成立.

若 $a_k = t b_k$，$k = 1, 2, \cdots, n$，从(1.1.4)式中很容易看出等号成立. □

1.2 基础关系式和 Hölder 不等式

上节，我们从简单的 $AB \leqslant \frac{1}{2}(A^2 + B^2)$ 关系式推出了 Cauchy-Schwarz 不等式. 我们能否将此式作更进一步的推广呢？

定理 1.2.1（基础关系式） 设 $A, B \geqslant 0$，则

$$A^{\alpha} B^{1-\alpha} \leqslant \alpha A + (1-\alpha) B, \quad \alpha \in [0,1]. \tag{1.2.1}$$

证 若 A, B 中有一个为 0，则(1.2.1)式显然成立.

设 A, B 均不为零. 将(1.2.1)式两边同除以 B，得

$$\left(\frac{A}{B}\right)^{\alpha} \leqslant \alpha\left(\frac{A}{B}\right) + (1-\alpha).$$

令 $\frac{A}{B} = x$，则上式变为

$$x^{\alpha} \leqslant \alpha x + (1-\alpha). \tag{1.2.2}$$

所以我们只需证明(1.2.2)式成立就可以了.

记 $f(x) = \alpha x + (1-\alpha) - x^{\alpha}$. 则

$$f'(x)=\alpha-\alpha x^{\alpha-1}.$$

因此，当 $x>1$ 时 $f'(x)>0$，当 $0<x<1$ 时 $f'(x)<0$；$f'(1)=0$. 所以 $f(1)$ 为极小值，且 $f(1)=0$. 因此(1.2.2)式成立，从而(1.2.1)式成立.

□

定理 1.2.2 (Hölder 不等式)　设 $a_k, b_k \geqslant 0\ (k=1,2,\cdots,n)$，$p,q\geqslant 1$，以及 $\frac{1}{p}+\frac{1}{q}=1$，则

$$\sum_{k=1}^{n} a_k b_k \leqslant \Big(\sum_{k=1}^{n} a_k^p\Big)^{\frac{1}{p}} \Big(\sum_{k=1}^{n} b_k^q\Big)^{\frac{1}{q}}, \tag{1.2.3}$$

当且仅当 $a_k^p = t b_k^q\ (k=1,2,\cdots,n)$ 时等号成立.

证　在(1.2.1)式中取 $\alpha=\frac{1}{p}$，$A=A_k^p$，$B=B_k^q$，则(1.2.1)式变为

$$A_k B_k \leqslant \frac{1}{p}A_k^p+\frac{1}{q}B_k^q. \tag{1.2.4}$$

将上式两边对 k 求和，便得

$$\sum_{k=1}^{n} A_k B_k \leqslant \frac{1}{p}\sum_{k=1}^{n} A_k^p+\frac{1}{q}\sum_{k=1}^{n} B_k^q. \tag{1.2.5}$$

令 $A_k=a_k\Big/\Big(\sum_{k=1}^{n} a_k^p\Big)^{\frac{1}{p}}$，$B_k=b_k\Big/\Big(\sum_{k=1}^{n} b_k^q\Big)^{\frac{1}{q}}$，代入上式即知(1.2.3)式成立.

□

1.3　算术平均与几何平均不等式及 Hölder 不等式的推广

算术平均与几何平均不等式有如下的推广：

定理 1.3.1　设 $A_k\geqslant 0$，$t_k>0\ (k=1,2,\cdots,n)$ 及 $\sum_{k=1}^{n} t_k = T_n$，则

$$\Big(\prod_{k=1}^{n} A_k^{t_k}\Big)^{\frac{1}{T_n}} \leqslant \frac{1}{T_n}\sum_{k=1}^{n} t_k A_k, \tag{1.3.1}$$

当且仅当 $A_n=c$，$k=1,2,\cdots,n$ 时等号成立.

证　由定理 1.2.1，可知

$$\left(\prod_{k=1}^{n}A_k^{t_k}\right)^{\frac{1}{T_n}}=\left[\left(\prod_{k=1}^{n-1}A_k^{t_k}\right)^{\frac{1}{T_{n-1}}}\right]^{\frac{T_{n-1}}{T_n}}\cdot A_n^{t_n/T_n}$$

$$\leqslant\frac{T_{n-1}}{T_n}\left(\prod_{k=1}^{n-1}A_k^{t_k}\right)^{\frac{1}{T_{n-1}}}+\frac{t_n}{T_n}A_n. \tag{1.3.2}$$

再由归纳法即证得定理. □

下面定理是 Hölder 不等式的推广.

定理 1.3.2 设 $A_k^{(i)}\geqslant 0\ (i=1,2,\cdots,m)$ 及 $\alpha_k\geqslant 0\ (k=1,2,\cdots,n)$，$\sum\limits_{k=1}^{n}\alpha_k=1$，则

$$\sum_{i=1}^{m}\prod_{k=1}^{n}A_k^{(i)}\leqslant\prod_{k=1}^{n}\left[\sum_{i=1}^{m}(A_k^{(i)})^{\frac{1}{\alpha_k}}\right]^{\alpha_k}. \tag{1.3.3}$$

若以 $(B_k^{(i)})^{\alpha_k}$ 代 $A_k^{(i)}$，则

$$\sum_{i=1}^{m}\prod_{k=1}^{n}(B_k^{(i)})^{\alpha_k}\leqslant\prod_{k=1}^{n}\left(\sum_{i=1}^{m}B_k^{(i)}\right)^{\alpha_k}. \tag{1.3.4}$$

证 仅证明(1.3.3)式. 令 $T_n=\sum\limits_{i=1}^{n}\alpha_i$. 由 Hölder 不等式，可得(注意 $T_n=1$)

$$\begin{aligned}\sum_{i=1}^{m}\prod_{k=1}^{n}A_k^{(i)}&=\sum_{i=1}^{m}\left(\prod_{k=1}^{n-1}A_k^{(i)}\cdot A_n^{(i)}\right)\\&\leqslant\left[\sum_{i=1}^{m}\left(\prod_{k=1}^{n-1}A_k^{(i)}\right)^{\frac{1}{T_{n-1}}}\right]^{T_{n-1}}\left[\sum_{i=1}^{m}(A_n^{(i)})^{\frac{1}{\alpha_n}}\right]^{\alpha_n}\\&\leqslant\left[\sum_{i=1}^{m}\left(\prod_{k=1}^{n-2}A_k^{(i)}\right)^{\frac{1}{T_{n-2}}}\right]^{T_{n-2}}\left[\sum_{i=1}^{m}(A_{n-1}^{(i)})^{\frac{1}{\alpha_{n-1}}}\right]^{\alpha_{n-1}}\\&\quad\cdot\left[\sum_{i=1}^{m}(A_n^{(i)})^{\frac{1}{\alpha_n}}\right]^{\alpha_n}\\&\leqslant\cdots.\end{aligned}$$

再由归纳法，即可证得(1.3.3). □

1.4 Jensen 不等式

定理 1.4.1 (Jensen) 设 $a_1,a_2,\cdots,a_n$ 均为正数. 若 $0<r<s$，则有

$$\Big(\sum_{k=1}^{n} a_k^s\Big)^{\frac{1}{s}} < \Big(\sum_{k=1}^{n} a_k^r\Big)^{\frac{1}{r}}. \qquad (1.4.1)$$

证　由 $0 < r < s$，有

$$\Big(\sum_{k=1}^{n} a_k^s\Big)^{\frac{1}{s}} \Big/ \Big(\sum_{k=1}^{n} a_k^r\Big)^{\frac{1}{r}} = \Big[\sum_{k=1}^{n} a_k^s \Big/ \Big(\sum_{k=1}^{n} a_k^r\Big)^{\frac{s}{r}}\Big]^{\frac{1}{s}} = \Big[\sum_{k=1}^{n}\Big(a_k^r \Big/ \sum_{k=1}^{n} a_k^r\Big)^{\frac{s}{r}}\Big]^{\frac{1}{s}}$$

$$< \Big[\sum_{k=1}^{n}\Big(a_k^r \Big/ \sum_{k=1}^{n} a_k^r\Big)\Big]^{\frac{1}{s}} = \Big(\sum_{k=1}^{n} a_k^r \Big/ \sum_{k=1}^{n} a_k^r\Big)^{\frac{1}{s}}$$

$$= 1,$$

所以(1.4.1) 式成立. □

定理 1.4.2　设 $\alpha_k > 0$，$\sum_{k=1}^{n} \alpha_k = \alpha > 1$ 及 $B_k^{(i)} > 0$，$i = 1,2,\cdots,m$，$k = 1, 2,\cdots,n$. 则有

$$\sum_{i=1}^{m}\prod_{k=1}^{n}(B_k^{(i)})^{\alpha_k} < \prod_{k=1}^{n}\Big(\sum_{i=1}^{m} B_k^{(i)}\Big)^{\alpha_k}. \qquad (1.4.2)$$

证　由假设，$\sum_{k=1}^{n}\frac{\alpha_k}{\alpha} = 1$. 在(1.3.4) 中以 $(B_k^{(i)})^{\alpha}$ 代 $B_k^{(i)}$，以 $\frac{\alpha_k}{\alpha}$ 代 α_k，有

$$\sum_{i=1}^{m}\prod_{k=1}^{n}(B_k^{(i)})^{\alpha_k} \leqslant \prod_{k=1}^{n}\Big[\sum_{i=1}^{m}(B_k^{(i)})^{\alpha}\Big]^{\frac{\alpha_k}{\alpha}}. \qquad (1.4.3)$$

再由(1.4.1)，令 $s = \alpha > 1$，$r = 1$，可知

$$\Big[\sum_{i=1}^{m}(B_k^{(i)})^{\alpha}\Big]^{\frac{1}{\alpha}} < \sum_{i=1}^{m} B_k^{(i)}. \qquad (1.4.4)$$

将(1.4.4) 代入(1.4.3) 即得(1.4.2). □

1.5　Minkowski 不等式

定理 1.5.1 (Minkowski)　设 $a_i, b_i \geqslant 0$. 若 $p > 1$，则有

$$\Big[\sum_{i=1}^{n}(a_i + b_i)^p\Big]^{\frac{1}{p}} \leqslant \Big(\sum_{i=1}^{n} a_i^p\Big)^{\frac{1}{p}} + \Big(\sum_{i=1}^{n} b_i^p\Big)^{\frac{1}{p}}, \qquad (1.5.1)$$

当且仅当 $a_i = b_i (i = 1,2,\cdots,n)$ 时上式等号成立. 若 $0 < p < 1$，则有反向不等式：

$$\Big[\sum_{i=1}^{n}(a_i + b_i)^p\Big]^{\frac{1}{p}} \geqslant \Big(\sum_{i=1}^{n} a_i^p\Big)^{\frac{1}{p}} + \Big(\sum_{i=1}^{n} b_i^p\Big)^{\frac{1}{p}}. \qquad (1.5.2)$$

证 若 $p>1$，设 $x_i\geqslant 0$，则由 Hölder 不等式，有

$$\sum_{i=1}^{n}(a_i+b_i)^{p-1}x_i\leqslant\left(\sum_{i=1}^{n}x_i^p\right)^{\frac{1}{p}}\left[\sum_{i=1}^{n}(a_i+b_i)^p\right]^{1-\frac{1}{p}}.$$

取 $x_i=a_i,b_i$，两式相加，即有

$$\sum_{i=1}^{n}(a_i+b_i)^p\leqslant\left[\left(\sum_{i=1}^{n}a_i^p\right)^{\frac{1}{p}}+\left(\sum_{i=1}^{n}b_i^p\right)^{\frac{1}{p}}\right]\left[\sum_{i=1}^{n}(a_i+b_i)^p\right]^{1-\frac{1}{p}}.$$

因此(1.5.1)式成立.

当 $0<p<1$ 时，由 Hölder 不等式(定理 1.3.2 中(1.3.3)式)，有

$$\begin{aligned}\left(\sum_{i=1}^{n}a_i^p\right)^{\frac{1}{p}}+\left(\sum_{i=1}^{n}b_i^p\right)^{\frac{1}{p}}&=\sum_{i=1}^{n}\left[a_i^p\left(\sum_{k=1}^{n}a_k^p\right)^{\frac{1}{p}-1}\right]+\sum_{i=1}^{n}\left[b_i^p\left(\sum_{k=1}^{n}b_k^p\right)^{\frac{1}{p}-1}\right]\\&=\sum_{i=1}^{n}a_i^pA_n^{1/p-1}+\sum_{i=1}^{n}b_i^pB_n^{1/p-1}\\&\leqslant\sum_{i=1}^{n}(a_i+b_i)^p(A_n^{1/p}+B_n^{1/p})^{1-p}.\end{aligned}$$

所以当 $0<p<1$ 时(1.5.2)式成立. □

定理 1.5.2 (Dresher) 设 $0<r<1<p$ 及 $a_k,b_k\geqslant 0$. 则

$$\left[\frac{\sum_{k=1}^{n}(a_k+b_k)^p}{\sum_{k=1}^{n}(a_k+b_k)^r}\right]^{\frac{1}{p-r}}\leqslant\left[\frac{\sum_{k=1}^{n}a_k^p}{\sum_{k=1}^{n}a_k^r}\right]^{\frac{1}{p-r}}+\left[\frac{\sum_{k=1}^{n}b_k^p}{\sum_{k=1}^{n}b_k^r}\right]^{\frac{1}{p-r}}.\qquad(1.5.3)$$

证 由 Minkowski 不等式和 Hölder 不等式，有

$$\begin{aligned}\left[\sum_{k=1}^{n}(a_k+b_k)^p\right]^{\frac{1}{p-r}}&\leqslant\left[\left(\sum_{k=1}^{n}a_k^p\right)^{\frac{1}{p}}+\left(\sum_{k=1}^{n}b_k^p\right)^{\frac{1}{p}}\right]^{\frac{p}{p-r}}\\&=\left[\left(\frac{\sum_{k=1}^{n}a_k^p}{\sum_{k=1}^{n}a_k^r}\right)^{\frac{1}{p}}\left(\sum_{k=1}^{n}a_k^r\right)^{\frac{1}{p}}+\left(\frac{\sum_{k=1}^{n}b_k^p}{\sum_{k=1}^{n}b_k^r}\right)^{\frac{1}{p}}\left(\sum_{k=1}^{n}b_k^r\right)^{\frac{1}{p}}\right]^{\frac{p}{p-r}}\\&\leqslant\left[\left(\frac{\sum_{k=1}^{n}a_k^p}{\sum_{k=1}^{n}a_k^r}\right)^{\frac{1}{p-r}}+\left(\frac{\sum_{k=1}^{n}b_k^p}{\sum_{k=1}^{n}b_k^r}\right)^{\frac{1}{p-r}}\right]\left[\left(\sum_{k=1}^{n}a_k^r\right)^{\frac{1}{r}}+\left(\sum_{k=1}^{n}b_k^r\right)^{\frac{1}{r}}\right]^{\frac{r}{p-r}}.\end{aligned}$$

(1.5.4)

再由 Minkowski 反向不等式(1.5.2)，有

$$\left[\left(\sum_{k=1}^{n}a_k^r\right)^{\frac{1}{r}}+\left(\sum_{k=1}^{n}b_k^r\right)^{\frac{1}{r}}\right]^r\leqslant\sum_{k=1}^{n}(a_k+b_k)^r. \qquad (1.5.5)$$

由(1.5.4)和(1.5.5)即得(1.5.3). □

一般地，用同样的方法和证明，我们有(以下 $a_k,b_k,\cdots,l_k$ 均为正数)

定理 1.5.3 (Minkowski) 设 r 为有限数且不等于0和1. 则当 $r>1$ 时，有

$$\left[\sum_{k=1}^{n}(a_k+b_k+\cdots+l_k)^r\right]^{\frac{1}{r}} < \left(\sum_{k=1}^{n}a_k^r\right)^{\frac{1}{r}}+\left(\sum_{k=1}^{n}b_k^r\right)^{\frac{1}{r}}+\cdots+\left(\sum_{k=1}^{n}l_k^r\right)^{\frac{1}{r}}. \qquad (1.5.6)$$

当 $0<r<1$ 时，有反向不等式：

$$\left[\sum_{k=1}^{n}(a_k+b_k+\cdots+l_k)^r\right]^{\frac{1}{r}} > \left(\sum_{k=1}^{n}a_k^r\right)^{\frac{1}{r}}+\left(\sum_{k=1}^{n}b_k^r\right)^{\frac{1}{r}}+\cdots+\left(\sum_{k=1}^{n}l_k^r\right)^{\frac{1}{r}}. \qquad (1.5.7)$$

定理 1.5.4 设 $0<r<1<p$. 则有

$$\left(\frac{\sum_{k=1}^{n}(a_k+b_k+\cdots+l_k)^p}{\sum_{k=1}^{n}(a_k+b_k+\cdots+l_k)^r}\right)^{\frac{1}{p-r}} \leqslant \left(\frac{\sum_{k=1}^{n}a_k^p}{\sum_{k=1}^{n}a_k^r}\right)^{\frac{1}{p-r}}+\left(\frac{\sum_{k=1}^{n}b_k^p}{\sum_{k=1}^{n}b_k^r}\right)^{\frac{1}{p-r}}+\cdots+\left(\frac{\sum_{k=1}^{n}l_k^p}{\sum_{k=1}^{n}l_k^r}\right)^{\frac{1}{p-r}}. \qquad (1.5.8)$$

关于(1.5.6),(1.5.7)的伴随不等式有如下定理：

定理 1.5.5 若 $r>0$ 且不等于1，则当 $r>1$ 时，有

$$\sum_{k=1}^{n}(a_k+b_k+\cdots+l_k)^r>\sum_{k=1}^{n}a_k^r+\sum_{k=1}^{n}b_k^r+\cdots+\sum_{k=1}^{n}l_k^r; \qquad (1.5.9)$$

当 $0<r<1$ 时，有

$$\sum_{k=1}^{n}(a_k+b_k+\cdots+l_k)^r<\sum_{k=1}^{n}a_k^r+\sum_{k=1}^{n}b_k^r+\cdots+\sum_{k=1}^{n}l_k^r. \qquad (1.5.10)$$

证 由定理 1.4.1 可得出，若 $r>1$，则

$$(a+b+\cdots+l)^r > a^r+b^r+\cdots+l^r,$$

除非所有 $a,b,\cdots,l$ 仅有一个非零或者全为零，等号成立.

当 $0<r<1$ 时，由定理 1.4.1，有

$$(a+b+\cdots+l)^r < a^r+b^r+\cdots+l^r.$$

因此定理 1.5.5 得证. □

关于另一型 Minkowski 不等式，有

定理 1.5.6 设 $\alpha_k>0\ (k=1,2,\cdots,n)$，$\sum_{k=1}^{n}\alpha_k=1$. 则有

$$\prod_{k=1}^{n}a_k^{\alpha_k}+\prod_{k=1}^{n}b_k^{\alpha_k}+\cdots+\prod_{k=1}^{n}l_k^{\alpha_k}\leqslant\prod_{k=1}^{n}(a_k+b_k+\cdots+l_k)^{\alpha_k}. \tag{1.5.11}$$

(当 $\alpha_k=\dfrac{1}{n}$ 时可参考书目[1].)

证 由算术平均与几何平均不等式，有

$$\begin{aligned}&\prod_{k=1}^{n}\left(\frac{a_k}{a_k+b_k+\cdots+l_k}\right)^{\alpha_k}+\prod_{k=1}^{n}\left(\frac{b_k}{a_k+b_k+\cdots+l_k}\right)^{\alpha_k}+\cdots+\\&\qquad\prod_{k=1}^{n}\left(\frac{l_k}{a_k+b_k+\cdots+l_k}\right)^{\alpha_k}\\&\leqslant\sum_{k=1}^{n}\frac{\alpha_k a_k}{a_k+b_k+\cdots+l_k}+\sum_{k=1}^{n}\frac{\alpha_k b_k}{a_k+b_k+\cdots+l_k}+\cdots+\\&\qquad\sum_{k=1}^{n}\frac{\alpha_k l_k}{a_k+b_k+\cdots+l_k}\\&=\sum_{k=1}^{n}\alpha_k=1.\end{aligned} \tag{1.5.12}$$

此即(1.5.11). □

1.6 Hölder 积分型不等式

预先说明一下，以后使用的积分符号，如果没有特别说明，其积分范围皆指一个有限或无限的区间(a,b)，或是一个可测集 E，函数 $f(x)$ 在 E 中几乎处处有限且为非负.

定理 1.6.1　设 $f(x),g(x)\geqslant 0$，$p>1$，$\frac{1}{p}+\frac{1}{q}=1$. 则有

$$\int f(x)g(x)\mathrm{d}x\leqslant\left(\int f^{p}(x)\mathrm{d}x\right)^{\frac{1}{p}}\left(\int g^{q}(x)\mathrm{d}x\right)^{\frac{1}{p}},\tag{1.6.1}$$

当且仅当 $f^{p}(x)=tg^{q}(x)$ 或 $f(x),g(x)$ 中有一个恒为 0 时，等号成立.

证　若 $\int f^{p}(x)\mathrm{d}x=0$，则必有 $f(x)\equiv 0$. 所以可设 $\int f^{p}(x)\mathrm{d}x>0$ 及 $\int g^{q}(x)\mathrm{d}x>0$. 记

$$F(x)=\frac{f(x)}{\left(\int f^{p}(x)\mathrm{d}x\right)^{\frac{1}{p}}},\quad G(x)=\frac{g(x)}{\left(\int g^{q}(x)\mathrm{d}x\right)^{\frac{1}{q}}}.$$

由定理 1.2.1，有

$$F(x)G(x)\leqslant\frac{1}{p}(F(x))^{p}+\frac{1}{q}(G(x))^{q},$$

即有

$$\int F(x)G(x)\mathrm{d}x\leqslant\frac{1}{p}\int F^{p}(x)\mathrm{d}x+\frac{1}{q}\int G^{q}(x)\mathrm{d}x=1.\tag{1.6.2}$$

此即(1.6.1).　□

定理 1.6.2　设函数 $f(x),g(x),\cdots,l(x)\geqslant 0$，$\alpha,\beta,\cdots,\lambda$ 为正数且 $\alpha+\beta+\cdots+\lambda=1$. 则

$$\int f^{\alpha}(x)g^{\beta}(x)\cdots l^{\lambda}(x)\mathrm{d}x$$
$$\leqslant\left(\int f(x)\mathrm{d}x\right)^{\alpha}\left(\int g(x)\mathrm{d}x\right)^{\beta}\cdots\left(\int l(x)\mathrm{d}x\right)^{\lambda}.\tag{1.6.3}$$

当且仅当其中有函数恒为 0，或

$$\frac{f(x)}{\int f(x)\mathrm{d}x}\equiv\frac{g(x)}{\int g(x)\mathrm{d}x}\equiv\cdots\equiv\frac{l(x)}{\int l(x)\mathrm{d}x}$$

时，等号成立.

证　在定理 1.3.1 中取 $\alpha=\frac{t_1}{T_n}$，$\beta=\frac{t_2}{T_n}$，$\cdots$，$\lambda=\frac{t_n}{T_n}$，以及

$$A_1=\frac{f(x)}{\int f(x)\mathrm{d}x},\ A_2=\frac{g(x)}{\int g(x)\mathrm{d}x},\ \cdots,\ A_n=\frac{l(x)}{\int l(x)\mathrm{d}x}.$$

再两边同时积分，立得(1.6.3).　□

1.7 Minkowski 积分不等式

下面定理给出了 Minkowski 积分不等式的普遍形式.

定理 1.7.1 若 $k>1$, $f(x),g(x),\cdots,l(x)$ 为非负函数，则

$$\left[\int(f(x)+g(x)+\cdots+l(x))^k\mathrm{d}x\right]^{\frac{1}{k}}$$

$$<\left(\int f^k(x)\mathrm{d}x\right)^{\frac{1}{k}}+\left(\int g^k(x)\mathrm{d}x\right)^{\frac{1}{k}}+\cdots+\left(\int l^k(x)\mathrm{d}x\right)^{\frac{1}{k}}. \tag{1.7.1}$$

若 $0<k<1$，则

$$\left[\int(f(x)+g(x)+\cdots+l(x))^k\mathrm{d}x\right]^{\frac{1}{k}}$$

$$\geqslant\left(\int f^k(x)\mathrm{d}x\right)^{\frac{1}{k}}+\left(\int g^k(x)\mathrm{d}x\right)^{\frac{1}{k}}+\cdots+\left(\int l^k(x)\mathrm{d}x\right)^{\frac{1}{k}}. \tag{1.7.2}$$

证 (1.7.1) 的证明与(1.5.1) 的证明方法相同，在此不再叙述. 下面给出(1.7.2) 的证明. 记

$$F=\int f^k(x)\mathrm{d}x,\ G=\int g^k(x)\mathrm{d}x,\cdots,\ L=\int l^k(x)\mathrm{d}x,$$

$$W=\left(\int f^k(x)\mathrm{d}x\right)^{\frac{1}{k}}+\left(\int g^k(x)\mathrm{d}x\right)^{\frac{1}{k}}+\cdots+\left(\int l^k(x)\mathrm{d}x\right)^{\frac{1}{k}}.$$

由 Hölder 不等式(注意 $0<k<1$)，

$$\begin{aligned}W&=\int(f^k(x)F^{\frac{1}{k}-1}+g^k(x)G^{\frac{1}{k}-1}+\cdots+l^k(x)L^{\frac{1}{k}-1})\mathrm{d}x\\&\leqslant\int(f(x)+g(x)+\cdots+l(x))^k(F^{\frac{1}{k}}+G^{\frac{1}{k}}+\cdots+L^{\frac{1}{k}})^{1-k}\mathrm{d}x\\&=W^{1-k}\int(f(x)+g(x)+\cdots+l(x))^k\mathrm{d}x.\end{aligned} \tag{1.7.3}$$

此即(1.7.2).

若 $W=0$，则 $f(x)\equiv g(x)\equiv\cdots\equiv l(x)\equiv 0$，(1.7.2) 自然成立. □

下面介绍 Hardy 等在所著《不等式》中对(1.7.2) 的证明. 记

$$S(x)=f(x)+g(x)+\cdots+l(x).$$

由定理 1.4.1，有

$$S^k(x)\leqslant f^k(x)+g^k(x)+\cdots+l^k(x).$$

若$\int f^k(x)\mathrm{d}x,\int g^k(x)\mathrm{d}x,\cdots,\int l^k(x)\mathrm{d}x$ 有限，则$\int S^k(x)\mathrm{d}x$ 有限. 又$\int S^k(x)\mathrm{d}x$

>0，除非 $S(x)\equiv 0$，则 $f(x),g(x),\cdots,l(x)$ 全为 0，因此我们可设 $\int S^k(x)\mathrm{d}x$ 为有限的.

先要证明：当 $0<k<1$ 时，Hölder 反向不等式成立. 取 $k'=\dfrac{k}{k-1}<0$. 设 $\int g_1^{k'}(x)\mathrm{d}x$ 为有限的. 若取 $l=\dfrac{1}{k}>1$，且 $\dfrac{1}{l}+\dfrac{1}{l'}=1$，$f_1(x)=(u(x)v(x))^l$，$g_1(x)=(v(x))^{-l}$，则

$$f_1(x)g_1(x)=u^l(x),\quad f_1^k(x)=u(x)v(x),\quad g_1^{k'}(x)=v^{l'}(x).$$

因此 u,v 对几乎所有的 x 皆有定义，且由 Hölder 不等式，

$$\int u(x)v(x)\mathrm{d}x<\left(\int u^l(x)\mathrm{d}x\right)^{\frac{1}{l}}\left(\int v^{l'}(x)\mathrm{d}x\right)^{\frac{1}{l'}},\tag{1.7.4}$$

即

$$\int f_1^k(x)\mathrm{d}x<\left(\int f_1(x)g_1(x)\mathrm{d}x\right)^k\left(\int g_1^{k'}(x)\mathrm{d}x\right)^{1-k}.\tag{1.7.5}$$

除非 $u^l(x),v^{l'}(x)$ 成比例，或 $f_1^k(x),g_1^{k'}(x)$ 成比例，等号成立. 因 $\int g_1^{k'}(x)\mathrm{d}x$ 为有限的且不为 0 [若 $\int g_1^{k'}(x)\mathrm{d}x=\infty$，则 $\left(\int g_1^{k'}(x)\mathrm{d}x\right)^{\frac{1}{k'}}=0$ $(k'<0)$，注意，$\int g_1^{k'}(x)\mathrm{d}x\equiv 0$ 将隐含 $g_1^{k'}(x)\equiv 0$，因而 $g_1(x)\equiv\infty$，与假设矛盾]，由(1.7.5)有

$$\left(\int f_1^k(x)\mathrm{d}x\right)^{\frac{1}{k}}\left(\int g_1^{k'}(x)\mathrm{d}x\right)^{\frac{1}{k'}}<\int f_1(x)g_1(x)\mathrm{d}x.\tag{1.7.6}$$

因此

$$\int f(x)S^{k-1}(x)\mathrm{d}x>\left(\int f^k(x)\mathrm{d}x\right)^{\frac{1}{k}}\left(\int S^k(x)\mathrm{d}x\right)^{\frac{1}{k'}}.\tag{1.7.7}$$

以 $g(x),\cdots,l(x)$ 分别代(1.7.7)中 $f(x)$，再相加，即得(1.7.2).

定理 1.7.2　设 $f(x),g(x),\cdots,l(x)$ 如定理 1.7.1 中所设. 又设 $0<r<1<k$. 则有

$$\left[\frac{\int(f(x)+g(x)+\cdots+l(x))^k\mathrm{d}x}{\int(f(x)+g(x)+\cdots+l(x))^r\mathrm{d}x}\right]^{\frac{1}{k-r}}$$

$$<\left[\frac{\int f^k(x)\mathrm{d}x}{\int f^r(x)\mathrm{d}x}\right]^{\frac{1}{k-r}}+\left[\frac{\int g^k(x)\mathrm{d}x}{\int g^r(x)\mathrm{d}x}\right]^{\frac{1}{k-r}}+\cdots+\left[\frac{\int l^k(x)\mathrm{d}x}{\int l^r(x)\mathrm{d}x}\right]^{\frac{1}{k-r}}.\tag{1.7.8}$$

证 由 Minkowski 积分不等式(1.7.1) 和 Hölder 不等式，有

$$\Big[\int(f(x)+g(x)+\cdots+l(x))^k\mathrm{d}x\Big]^{\frac{1}{k-r}}$$

$$<\Big[\Big(\int f^k(x)\mathrm{d}x\Big)^{\frac{1}{k}}+\Big(\int g^k(x)\mathrm{d}x\Big)^{\frac{1}{k}}+\cdots+\Big(\int l^k(x)\mathrm{d}x\Big)^{\frac{1}{k}}\Big]^{\frac{k}{k-r}}$$

$$=\left[\left[\frac{\int f^k(x)\mathrm{d}x}{\int f^r(x)\mathrm{d}x}\right]^{\frac{1}{k}}\Big(\int f^r(x)\mathrm{d}x\Big)^{\frac{1}{k}}+\left[\frac{\int g^k(x)\mathrm{d}x}{\int g^r(x)\mathrm{d}x}\right]^{\frac{1}{k}}\Big(\int g^r(x)\mathrm{d}x\Big)^{\frac{1}{k}}\right.$$

$$\left.+\cdots+\left[\frac{\int l^k(x)\mathrm{d}x}{\int l^r(x)\mathrm{d}x}\right]^{\frac{1}{k}}\Big(\int l^r(x)\mathrm{d}x\Big)^{\frac{1}{k}}\right]^{\frac{k}{k-r}}$$

$$\leqslant\left[\left[\frac{\int f^k(x)\mathrm{d}x}{\int f^r(x)\mathrm{d}x}\right]^{\frac{1}{k-r}}+\left[\frac{\int g^k(x)\mathrm{d}x}{\int g^r(x)\mathrm{d}x}\right]^{\frac{1}{k-r}}+\cdots+\left[\frac{\int l^k(x)\mathrm{d}x}{\int l^r(x)\mathrm{d}x}\right]^{\frac{1}{k-r}}\right]$$

$$\cdot\Big[\Big(\int f^r(x)\mathrm{d}x\Big)^{\frac{1}{r}}+\Big(\int g^r(x)\mathrm{d}x\Big)^{\frac{1}{r}}+\cdots+\Big(\int l^r(x)\mathrm{d}x\Big)^{\frac{1}{r}}\Big]^{\frac{r}{k-r}}. \tag{1.7.9}$$

再由(1.7.2)，有

$$\Big[\Big(\int f^r(x)\mathrm{d}x\Big)^{\frac{1}{r}}+\Big(\int g^r(x)\mathrm{d}x\Big)^{\frac{1}{r}}+\cdots+\Big(\int l^r(x)\mathrm{d}x\Big)^{\frac{1}{r}}\Big]^r$$

$$\leqslant\int(f(x)+g(x)+\cdots+l(x))^r\mathrm{d}x.$$

将上式代入(1.7.9) 即得(1.7.8). □

关于(1.7.1),(1.7.2) 的伴随形式不等式，有如下定理：

定理 1.7.3 $f(x),g(x),\cdots,l(x)$ 函数如定理 1.7.1 所设. 当 $k>1$ 时，有

$$\int(f(x)+g(x)+\cdots+l(x))^k\mathrm{d}x$$

$$>\int(f^k(x)+g^k(x)+\cdots+l^k(x))\mathrm{d}x. \tag{1.7.10}$$

当 $0<k<1$ 时，有

$$\int(f(x)+g(x)+\cdots+l(x))^k\mathrm{d}x$$

$$<\int(f^k(x)+g^k(x)+\cdots+l^k(x))\mathrm{d}x. \tag{1.7.11}$$

等号成立，除非对于所有的 x，$f(x),g(x),\cdots,l(x)$ 中除了一个之外，所有函数均为0.

由定理1.4.1即可证得定理1.7.3.

1.8　Young 不等式

在1.2节中，我们从基础关系式(当 $A,B>0$ 时，$A^\alpha B^{1-\alpha}\leqslant \alpha A+(1-\alpha)B$，$\alpha\in[0,1]$) 推出了许多重要的不等式. Young 把基础关系式作了更为一般化的推广.

定理1.8.1　设 $f(x)$ 为$[0,c]$上严格递增的连续函数，$F(x)$ 为 $f(x)$ 的逆函数，$f(0)=0$，$a\in(0,c)$，$b\in(0,f(c))$，则

$$ab\leqslant\int_0^a f(x)\mathrm{d}x+\int_0^b F(x)\mathrm{d}x. \tag{1.8.1}$$

证　设 $g(x)=xb-\int_0^x f(t)\mathrm{d}t$，则

$$g'(x)=b-f(x).$$

因 $f(x)$ 为严格递增的连续函数，所以有：当 $0<x<F(b)$ 时 $g'(x)>0$；当 $x=F(b)$ 时 $g'(x)=0$；当 $x>F(b)$ 时 $g'(x)<0$. 因此 $x=F(b)$ 为 $g(x)$ 的极大值，于是得

$$g(a)\leqslant\max_{0<x<a}g(x)=g(F(b)).$$

由分部积分，得

$$g(F(b))=bF(b)-\int_0^{F(b)}f(x)\mathrm{d}x=\int_0^{F(b)}x\mathrm{d}f(x)=\int_0^b F(y)\mathrm{d}y, \tag{1.8.2}$$

即有

$$g(a)\leqslant g(F(b))=\int_0^b F(y)\mathrm{d}y. \tag{1.8.3}$$

(1.8.3) 式即为(1.8.1) 式. □

从几何图形上也可以看出 Young 不等式是成立的，如图1-1.

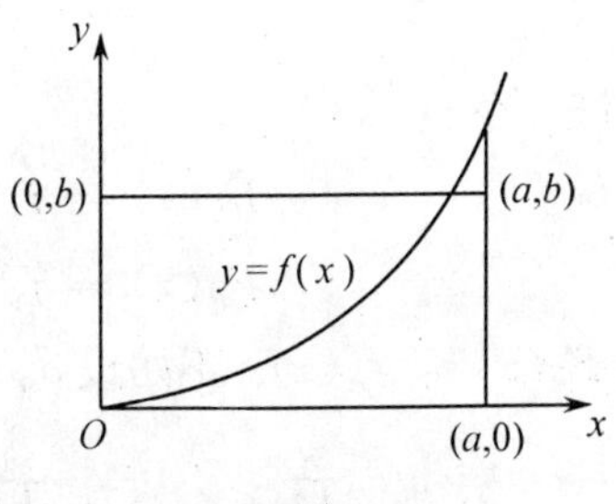

图1-1

例1　已知 $f(x)=\log(1+x)$，则有

$$ab \leqslant \int_0^a \log(1+x)\,\mathrm{d}x + \int_0^b (\mathrm{e}^x - 1)\mathrm{d}x$$
$$= (1+a)\log(1+a) - a + \mathrm{e}^b - 1 - b.$$

例 2 已知 $f(x) = x^{p-1}$. 当 $p > 1$ 时，有

$$ab \leqslant \frac{1}{p}a^p + \left(1 - \frac{1}{p}\right)b^{p'}, \quad p' = \frac{p}{p-1}.$$

这就是第 1 章的基础关系式，也就是说，Young 不等式包含了基础关系式，它是基础关系式的推广. 下面介绍 Young 不等式的推广.

定理 1.8.2 设 $f(x), g(x) \geqslant 0$ 及 $f'(x), g'(x) \geqslant 0$，且 $f'(x), g'(x)$ 在 $[0,b]$ 上连续，$f(0) = 0$，$0 < a < b$. 则

$$f(a)g(b) \leqslant \int_0^a g(x)f'(x)\mathrm{d}x + \int_0^b f(x)g'(x)\mathrm{d}x. \tag{1.8.4}$$

证 由 $\mathrm{d}(f(x)g(x)) = f(x)\mathrm{d}g(x) + g(x)\mathrm{d}f(x)$，$f(a) \leqslant f(x)$，$x \geqslant a$，得

$$\int_0^a g(x)f'(x)\mathrm{d}x + \int_0^b f(x)g'(x)\mathrm{d}x$$
$$= \int_0^a \mathrm{d}(f(x)g(x)) + \int_a^b f(x)g'(x)\mathrm{d}x$$
$$\geqslant f(a)g(a) + f(a)(g(b) - g(a))$$
$$= f(a)g(b).$$
□

定理 1.8.3 (Oppenhein) 令 $a_k \geqslant 0$ $(k = 1, 2, \cdots, n)$，$f_k(x)$ 为连续的非负严格递增函数，其中有一个函数 $f_i(0) = 0$，则

$$\prod_{k=1}^n f_k(a_k) \leqslant \sum_{k=1}^n \int_0^{a_k} \prod_{r \neq k} f_r(x)\mathrm{d}f_k(x), \tag{1.8.5}$$

当且仅当 $a_1 = a_2 = \cdots = a_n$ 时等号成立.

证 令

$$F_k(x) = f_k(x) \quad (0 \leqslant x \leqslant a_k),$$
$$F_k(x) = f_k(a_k) \quad (x \geqslant a_k),$$

因而 $F_k(x) \leqslant f_k(x)$. 不妨设 $a_n = \max\limits_{1 \leqslant k \leqslant n}\{a_k\}$，则

$$\prod_{k=1}^n f_k(a_k) = \prod_{k=1}^n F_k(a_n) = \int_0^{a_n} \mathrm{d}\prod_{k=1}^n F_k(x)$$

$$= \sum_{k=1}^{n} \int_{0}^{a_k} \prod_{r \neq k} F_r(x) \mathrm{d} f_k(x)$$

$$\leqslant \sum_{k=1}^{n} \int_{0}^{a_k} \prod_{r \neq k} f_r(x) \mathrm{d} f_k(x). \qquad \square$$

1.9　Cauchy-Schwarz 不等式的进一步性质

我们应用 Cauchy-Schwarz 不等式往往不是其等号成立时的情形，对它作改进是一个重要课题.

下面的定理涉及内积的概念. 内积有两种形式的表达式，一种为求和形式，一种为积分形式：

$$(a,b) = \sum_{k=1}^{n} a_k b_k, \quad (u,v) = \int u(x) v(x) \mathrm{d}x,$$

其中 $a_k, b_k, u(x), v(x)$ 均为正的.

定理 1.9.1 (Beckenbach)　若记

$$[f,g;v] = (f,g)(v,v) - (f,v)(g,v),$$

则有

$$[f,g;v]^2 \leqslant [f,f;v][g,g;v]. \tag{1.9.1}$$

证　考虑

$$J(u,v) = (u,u)(v,v) - (u,v)^2 \geqslant 0,$$

代 u 以 $xf+g$，其中 x 为实数. 由于 $J(u,v) \geqslant 0$，可导出不等式：

$$x^2[(f,f)(v,v) - (f,v)^2] + 2x[(f,g)(v,v) - (f,v)(g,v)] + [(g,g)(v,v) - (g,v)^2] \geqslant 0. \tag{1.9.2}$$

因而由判别式 $\Delta \leqslant 0$ 有

$$[(f,f)(v,v) - (f,v)^2][(g,g)(v,v) - (g,v)^2] \geqslant [(f,g)(v,v) - (f,v)(g,v)]^2. \tag{1.9.3}$$

(1.9.3) 式即为(1.9.1) 式. $\square$

定理 1.9.2 (Ostrowski)　设 a_k, b_k $(k = 1,2,\cdots,n)$ 为两组不成比例的实数列. 又设有 $x_1, x_2, \cdots, x_n$ 使

$$\sum_{k=1}^{n} a_k x_k = 0, \quad \sum_{k=1}^{n} b_k x_k = 1. \tag{1.9.4}$$

则

$$\frac{\sum_{k=1}^{n} a_k^2}{(\sum_{k=1}^{n} a_k^2)(\sum_{k=1}^{n} b_k^2)-(\sum_{k=1}^{n} a_k b_k)^2} \leqslant \sum_{k=1}^{n} x_k^2, \tag{1.9.5}$$

当且仅当

$$x_i = \frac{b_i \sum_{k=1}^{n} a_k^2 - a_i \sum_{k=1}^{n} a_k b_k}{(\sum_{k=1}^{n} a_k^2)(\sum_{k=1}^{n} b_k^2)-(\sum_{k=1}^{n} a_k b_k)^2}$$

时等号成立.

证 设 $A = \sum_{k=1}^{n} a_k^2$, $B = \sum_{k=1}^{n} b_k^2$, $C = \sum_{k=1}^{n} a_k b_k$ 及 $y_k = \frac{Ab_k - Ca_k}{AB - C^2}$. 直接验算, 可知 $y_1, y_2, \cdots, y_n$ 满足

$$\sum_{k=1}^{n} a_k y_k = 0, \quad \sum_{k=1}^{n} b_k y_k = 1.$$

又已设 $x_1, x_2, \cdots, x_n$ 满足(1.9.4)式, 则必有

$$\sum_{k=1}^{n} x_k y_k = \frac{A}{AB - C^2}, \quad \sum_{k=1}^{n} y_k^2 = \frac{A}{AB - C^2}. \tag{1.9.6}$$

所以对任一满足(1.9.4)式的序列 $x_1, x_2, \cdots, x_n$ 必有

$$\sum_{k=1}^{n} x_k^2 - \sum_{k=1}^{n} y_k^2 = \sum_{k=1}^{n} (x_k - y_k)^2 \geqslant 0. \tag{1.9.7}$$

由(1.9.6)和(1.9.7)可立刻得出(1.9.5)式成立. □

定理 1.9.3 (Fan-Todd) 同定理 1.9.2 所设. 已知 $a_i b_k \neq a_k b_i$, $i \neq k$, 则

$$\frac{\sum_{k=1}^{n} a_k^2}{\sum_{k=1}^{n} a_k^2 \sum_{k=1}^{n} b_k^2 - (\sum_{k=1}^{n} a_k b_k)^2} \leqslant \binom{n}{2}^{-2} \sum_{k=1}^{n} \Big(\sum_{i \neq k} \frac{a_i}{a_i b_k - a_k b_i} \Big)^2. \tag{1.9.8}$$

证 设

$$x_k = \binom{n}{2}^{-1} \sum_{r \neq k} \frac{a_r}{a_r b_k - a_k b_r},$$

则 $x_1, x_2, \cdots, x_n$ 适合(1.9.4)式. 由定理 1.9.2 即可得(1.9.8)式. □

定理1.9.4 (Diaz-Metcalf)　设 $0<m_1\leqslant a_k\leqslant M_1$，$0<m_2\leqslant b_k\leqslant M_2(k=1,2,\cdots,n)$. 记 $m=\dfrac{m_2}{M_1}$, $M=\dfrac{M_2}{m_1}$. 则有

$$\sum_{k=1}^{n}b_k^2+mM\sum_{k=1}^{n}a_k^2\leqslant(m+M)\sum_{k=1}^{n}a_kb_k. \tag{1.9.9}$$

证　由于

$$(m+M)a_kb_k-b_k^2-mMa_k^2=\left(\frac{b_k}{a_k}-m\right)\left(M-\frac{b_k}{a_k}\right)a_k^2\geqslant 0,$$

将上式从1到 n 求和即得(1.9.9).　□

定理1.9.5 (Polya-Szegö)　若 a_k,b_k 如定理1.9.4所设，则

$$\left(\sum_{k=1}^{n}a_k^2\right)\left(\sum_{k=1}^{n}b_k^2\right)\leqslant\frac{1}{4}\left(\sqrt{\frac{M_1M_2}{m_1m_2}}+\sqrt{\frac{m_1m_2}{M_1M_2}}\right)^2\left(\sum_{k=1}^{n}a_kb_k\right)^2. \tag{1.9.10}$$

证　因

$$\begin{aligned}&\sum_{k=1}^{n}b_k^2+\frac{m_2M_2}{m_1M_1}\sum_{k=1}^{n}a_k^2-2\left(\frac{m_2M_2}{m_1M_1}\sum_{k=1}^{n}a_k^2\sum_{k=1}^{n}b_k^2\right)^{\frac{1}{2}}\\&=\left[\left(\sum_{k=1}^{n}b_k^2\right)^{\frac{1}{2}}-\left(\frac{m_2M_2}{m_1M_1}\sum_{k=1}^{n}a_k^2\right)^{\frac{1}{2}}\right]^2\geqslant 0,\end{aligned}$$

所以

$$\sum_{k=1}^{n}b_k^2+\frac{m_2M_2}{m_1M_1}\sum_{k=1}^{n}a_k^2\geqslant 2\,\frac{m_2M_2}{m_1M_1}\sum_{k=1}^{n}a_k^2\sum_{k=1}^{n}b_k^2. \tag{1.9.11}$$

又由(1.9.9)，有

$$\sum_{k=1}^{n}b_k^2+\frac{m_2M_2}{m_1M_1}\sum_{k=1}^{n}a_k^2\leqslant\left(\frac{M_2}{m_1}+\frac{M_1}{m_2}\right)\sum_{k=1}^{n}a_kb_k. \tag{1.9.12}$$

(1.9.11)和(1.9.12)结合即得(1.9.10).　□

第 2 章

两个新的基础不等式的创建及其应用

我们在前一章已经介绍了 Hölder 不等式，它是三个基础不等式之一，在解析不等式中起着非常重要的作用，也是数学分析的重要基石，是深入解决问题的桥梁. Hölder 不等式自 19 世纪末建立以来，一直得到广泛的应用. 但有些问题用 Hölder 不等式估计时往往得不到较为精确的刻画，例如，设

$$a_{2k}=b_{2k-1}=0,\quad a_{2k-1}=b_{2k}=1,$$

$k=1,2,\cdots,N$, $n=2N$, 显然 $\sum_{i=1}^{n}a_ib_i=0$，而这时 Hölder 不等式(1.2.3)右端项为 N，与 0 相差较大.

本章我们将创建两个新的基础不等式，新的不等式可以很好地刻画上述问题. 接着，我们将给出一系列应用，并给出一系列著名的不等式和定理的进一步性质，即给出它们实质上的推广以及证明的简化.

2.1　一个新的基础不等式创建

我们首先创建第一个新的基础不等式，除给出一系列有意义的应用外，对上述问题若应用新的基础不等式，可有等号成立.

定理 2.1.1[胡1],[胡2]　设 $p\geqslant q\geqslant 0$, $\frac{1}{p}+\frac{1}{q}=1$, $A_n,B_n\geqslant 0$, 有两组数 $\{e_k\}$ 和 $\{\tilde{e}_k\}$ 满足 $1-e_n\tilde{e}_m+\tilde{e}_ne_m\geqslant 0$, 则

$$\sum_n A_nB_n\leqslant\Big(\sum_n B_n^q\Big)^{\frac{1}{q}-\frac{1}{p}}\Big[\Big(\sum_n B_n^q\sum_n A_n^p\Big)^2-\Big(\sum_n B_n^qe_n\sum_n A_n^p\tilde{e}_n-\sum_n B_n^q\tilde{e}_n\sum_n A_n^pe_n\Big)^2\Big]^{\frac{1}{2p}}.\qquad(2.1.1)$$

证　设 $p > q$，由

$$I^2 = (\sum_n A_n B_n)^2 = \sum_n A_n B_n \sum_m A_m B_m$$
$$= \sum_n A_n B_n \sum_m A_m B_m (1 - e_m \tilde{e}_n + \tilde{e}_m e_n)$$
$$= \sum_n A_n B_n \sum_m \Big[A_m (1 - e_m \tilde{e}_n + \tilde{e}_m e_n)^{\frac{1}{p}} \cdot B_m (1 - e_m \tilde{e}_n + \tilde{e}_m e_n)^{\frac{1}{q}} \Big]$$

及 Hölder 不等式，得

$$I^2 \leqslant \sum_n A_n B_n \big[\sum_m A_m^p (1 - e_m \tilde{e}_n + \tilde{e}_m e_n) \big]^{\frac{1}{p}} \cdot \big[\sum_m B_m^q (1 - e_m \tilde{e}_n + \tilde{e}_m e_n) \big]^{\frac{1}{q}}$$
$$= \sum_n A_n B_n X_n^{1/p} Y_n^{1/q}, \tag{2.1.2}$$

其中

$$X_n = \sum_m A_m^p (1 - e_m \tilde{e}_n + \tilde{e}_m e_n),$$
$$Y_n = \sum_m B_m^q (1 - e_m \tilde{e}_n + \tilde{e}_m e_n).$$

设 $f_n = B_n^{1-q/p} Y_n^{1/q - 1/p}$，$g_n = A_n Y_n^{1/p}$，$h_n = B_n^{q/p} X_n^{1/p}$，及

$$\frac{1}{\alpha} = \frac{1}{q} - \frac{1}{p}, \quad \frac{1}{\beta} = \frac{1}{\gamma} = \frac{1}{p},$$

显然$\frac{1}{\alpha} + \frac{1}{\beta} + \frac{1}{\gamma} = 1$. (2.1.2) 式可以写成

$$I^2 \leqslant \sum_n f_n g_n h_n.$$

再由推广的 Hölder 不等式，得

$$I^2 \leqslant (\sum_n f_n^\alpha)^{\frac{1}{\alpha}} (\sum_n g_n^\beta)^{\frac{1}{\beta}} (\sum_n h_n^\gamma)^{\frac{1}{\gamma}}. \tag{2.1.3}$$

注意到

$$\left.\begin{aligned} \sum_n f_n^\alpha &= \sum_n B_n^q \sum_m B_m^q (1 - e_m \tilde{e}_n + \tilde{e}_m e_n) = (\sum_n B_n^q)^2, \\ \sum_n g_n^\beta &= \sum_n A_n^p \sum_m B_m^q (1 - e_m \tilde{e}_n + \tilde{e}_m e_n), \\ \sum_n h_n^\gamma &= \sum_n B_n^q \sum_m A_m^p (1 - e_m \tilde{e}_n + \tilde{e}_m e_n), \end{aligned}\right\} \tag{2.1.4}$$

由(2.1.3)和(2.1.4)式，即得定理.

当 $p=q$ 时，定理是显然的. □

关于(2.1.1)的积分形式有

定理 2.1.2 设 $F(x),G(x)\geqslant 0$, $F^p(x),G^q(x)$ 为可积函数，$1-e(x)\tilde{e}(y)+\tilde{e}(x)e(y)\geqslant 0$，则

$$\int F(x)G(x)\mathrm{d}x\leqslant\left(\int G^q(x)\mathrm{d}x\right)^{\frac{1}{q}-\frac{1}{p}}\left[\left(\int G^q(x)\mathrm{d}x\int F^p(x)\mathrm{d}x\right)^2 -\left(\int G^q(x)e(x)\mathrm{d}x\int F^p(x)\tilde{e}(x)\mathrm{d}x -\int G^q(x)\tilde{e}(x)\mathrm{d}x\int F^p(x)e(x)\mathrm{d}x\right)^2\right]^{\frac{1}{2p}}. \quad (2.1.5)$$

由(2.1.1)，我们可以得到

$$\sum_n A_nB_n\leqslant\left(\sum_n B_n^q\right)^{\frac{1}{q}-\frac{1}{p}}\left[\left(\sum_n B_n^q\sum_n A_n^p\right)^2\right]^{\frac{1}{2p}}\leqslant\left(\sum_n A_n^p\right)^{\frac{1}{p}}\left(\sum_n B_n^q\right)^{\frac{1}{q}}.$$

此即 Hölder 不等式.

现在我们来看在本章开始时举的特例：

$$a_{2k}=0,\ a_{2k-1}=1,\ b_{2k}=1,\ b_{2k-1}=0,\quad k=1,2,\cdots,N.$$

若在(2.1.1) 式中取

$$e_{2k}=0,\ e_{2k-1}=1,\quad k=1,2,\cdots,N,$$
$$\tilde{e}_k=1,\quad k=1,2,\cdots,2N,$$

代入(2.1.1) 式后右边即为0. 可见(2.1.1) 较 Hölder不等式刻画这个问题更为精细.

在不等式(2.1.1) 的证明中，虽然用到了 Hölder 不等式，但实际上不用 Hölder 不等式，而直接用基础关系不等式也是完全可以证明的. 这在 3.3 节论证(2.1.1) 的进一步性质中可以看到这一点.

定理 2.1.3 [胡3] 设 $a_n\geqslant 0$，$1-e_n+e_m\geqslant 0$，$n,m=1,2,\cdots,N$，则

$$\left(\sum_{k=1}^N a_k\right)^{2(2p-1)}\leqslant\left(\sum_{k=1}^N a_k^p\right)^2\left[N^2\left(\sum_{k=1}^N a_k\right)^2-\left(N\sum_{k=1}^N a_ke_k-\sum_{k=1}^N a_k\sum_{n=1}^N e_n\right)^2\right]^{p-1}. \quad (2.1.6)$$

证　在(2.1.1)式中取 $A_n=1$, $B_n=a_n, \tilde{e}_n=1$, $n=1,2,\cdots,N$, $q=1+\varepsilon$, $p=\varepsilon^{-1}+1$, $\varepsilon>0$, 可得到

$$\sum_{k=1}^{N}a_k\leqslant\left(\sum_{k=1}^{N}a_k^{1+\varepsilon}\right)^{\frac{1-\varepsilon}{1+\varepsilon}}\left\{N^2\left(\sum_{k=1}^{N}a_k^{1+\varepsilon}\right)^2-\left(N\sum_{k=1}^{N}a_k^{1+\varepsilon}e_k-\sum_{n=1}^{N}e_n\sum_{k=1}^{N}a_k^{1+\varepsilon}\right)^2\right\}^{\frac{\varepsilon}{2(1+\varepsilon)}}.$$

因此

$$\left(\sum_{k=1}^{N}a_k^{1+\varepsilon}\right)^{\frac{2\varepsilon}{1+\varepsilon}}\leqslant\frac{\sum\limits_{k=1}^{N}a_k^{1+\varepsilon}}{\sum\limits_{k=1}^{N}a_k}\left\{N^2\left(\sum_{k=1}^{N}a_k^{1+\varepsilon}\right)^2-\left(N\sum_{k=1}^{N}a_k^{1+\varepsilon}e_k-\sum_{n=1}^{N}e_n\sum_{k=1}^{N}a_k^{1+\varepsilon}\right)^2\right\}^{\frac{\varepsilon}{2(1+\varepsilon)}}.$$

(2.1.7)

当 ε 充分小时，

$$\left(\frac{\sum\limits_{k=1}^{N}a_k^{1+\varepsilon}}{\sum\limits_{k=1}^{N}a_k}\right)^{\frac{1}{\varepsilon}}=\left(\frac{\sum\limits_{k=1}^{N}a_k+\varepsilon\sum\limits_{k=1}^{N}a_k\log a_k+o(\varepsilon^2)}{\sum\limits_{k=1}^{N}a_k}\right)^{\frac{1}{\varepsilon}}$$

$$=\exp\left\{\frac{\sum\limits_{k=1}^{N}a_k\log a_k}{\sum\limits_{k=1}^{N}a_k}\right\}+o(\varepsilon).\qquad(2.1.8)$$

所以在(2.1.7)式两边开 $\frac{1}{\varepsilon}$ 次根，令 $\varepsilon\to 0$，由(2.1.8)可得

$$\left(\sum_{k=1}^{N}a_k\right)^2\leqslant\exp\left\{\frac{\sum\limits_{k=1}^{N}a_k\log a_k}{\sum\limits_{k=1}^{N}a_k}\right\}\left\{N^2\left(\sum_{k=1}^{N}a_k\right)^2-\left(N\sum_{k=1}^{N}a_ke_k-\sum_{n=1}^{N}e_n\sum_{k=1}^{N}a_k\right)^2\right\}^{\frac{1}{2}}.$$

(2.1.9)

又由定理1.3.1，有

$$\frac{(p-1)\sum\limits_{k=1}^{N}a_k\log a_k}{\sum\limits_{k=1}^{N}a_k}\leqslant\log\left(\frac{\sum\limits_{k=1}^{N}a_k^p}{\sum\limits_{k=1}^{N}a_k}\right),\qquad(2.1.10)$$

将(2.1.10)代入(2.1.9)，即可得到(2.1.6).　□

下面定理给出了不等式(2.1.6)的积分形式.

定理 2.1.4 设 $f\geqslant 0$, $f\in L^p(a,b)$ 及 $1-e(x)+e(y)\geqslant 0$, $x,y\in[a,b]$, 则当 $p>1$ 时有

$$\left(\int_a^b f(x)\mathrm{d}x\right)^{2(2p-1)}\leqslant\left(\int_a^b f^p(x)\mathrm{d}x\right)^2\left\{(b-a)^2\left(\int_a^b f(x)\mathrm{d}x\right)^2\right.$$
$$\left.-\left[(b-a)\int_a^b f(x)e(x)\mathrm{d}x-\int_a^b f(x)\mathrm{d}x\int_a^b e(x)\mathrm{d}x\right]^2\right\}^{p-1}. \quad (2.1.11)$$

定理 2.1.5 设 $A_k,B_k\geqslant 0$. 记

$$a_k=A_k\sqrt{\sum_{l=1}^n B_l^2(1-e_k+e_l)},\quad b_k=B_k\sqrt{\sum_{l=1}^n A_l^2(1-e_k+e_l)},$$

其中 $1-e_k+e_l\geqslant 0$. 若

$$H_n=\left(\sum_{k=1}^n a_k^2\right)\left(\sum_{l=1}^n b_l^2\right)-\left(\sum_{k=1}^n A_kB_k\right)^4>0,$$

并有 $x_1,x_2,\cdots,x_n$ 使 $\sum_{k=1}^n a_kx_k=0$, $\sum_{k=1}^n b_kx_k=1$, 则有

$$H_n^{-1}\sum_{k=1}^n a_k^2\leqslant\sum_{k=1}^n x_k^2. \quad (2.1.12)$$

证 由(2.1.2)式, 取 $\tilde{e}_k=1$, $p=2$, 有

$$\sum_{k=1}^n a_kb_k=\sum_{k=1}^n A_kB_k\sqrt{\left[\sum_{l=1}^n A_l^2(1-e_k+e_l)\right]\left[\sum_{l=1}^n B_l^2(1-e_k+e_l)\right]}$$
$$\geqslant\left(\sum_{k=1}^n A_kB_k\right)^2.$$

再由 Ostrowski 不等式(1.9.5) 即得(2.1.12) 式成立. □

2.2 第二个新的基础不等式创建[胡4]

本节再建立一个与上节不同的新的不等式. 其刻画也较 Hölder 不等式精细, 同时还有一系列有意义的应用.

设 $a_k,b_k,c_k^{(i)}$ $(k=1,2,\cdots,\ i=1,2,\cdots)$ 为复数, e_k 为实数. 又设 $r,s>0$. 记

$$(a^r,b^s)=\sum_{k=1}^n a_k^r\overline{b_k^s},\quad \|a\|_p=\sum_{k=1}^n|a_k|^p,\quad \|a\|=\|a\|_2,$$

$$(|x|^p,e)=\sum_{k=1}^n|x_k|^pe_k,\quad s_p(a,x)=\frac{|(a^{p/2},x)|}{\|a\|_p^{1/2}},$$

$$T_p(a,b,c)=s_p(a,c)-s_q(b,c),$$

$$R_p(a,b,e)=\frac{(|a|^p,e)}{\|a\|_p}-\frac{(|b|^q,e)}{\|b\|_q}.$$

定理 2.2.1　设 $p,q>1$，$\frac{1}{p}+\frac{1}{q}=1$. 若 $1-e_k+e_m\geqslant 0$ 及 $\|c^{(i)}\|=1$，则

$$|(a,b)|\leqslant\|a\|_p^{1/p}\|b\|_q^{1/q}(1-\omega_{m,p}^{(2)}(a,b,c,e))^{m(\frac{1}{p})},\tag{2.2.1}$$

其中 $m\left(\frac{1}{p}\right)=\min\left\{\frac{1}{p},\frac{1}{q}\right\}$,

$$\omega_{m,p}^{(2)}(a,b,c,e)=T_p^2(a,b,c^{(m)})+\sum_{i=1}^{m-1}T_p^2(a,b,c^{(i)})\prod_{k=i+1}^{m}S_p(a,c^{(k)})S_q(b,c^{(k)})$$
$$+\frac{1}{2}R_p^2(a,b,e)\prod_{k=1}^{m}S_p(a,c^{(k)})S_q(b,c^{(k)}).$$

当 $m=1$ 时此式右边 $\sum$ 项为零. 当 $p\neq 2$ 时 $a_k,b_k\geqslant 0$，当 $p=2$ 时 a_k，b_k 可为复数.

特别地，若 $S_p(a,c)S_q(b,c)<1$，则有

$$|(a,b)|\leqslant\|a\|_p^{1/p}\|b\|_q^{1/q}\Big[1-\frac{1}{1-S_p(a,c)S_q(b,c)}$$
$$\cdot\big(S_p(a,c)-S_q(b,c)\big)^2\Big]^{m(\frac{1}{p})}.\tag{2.2.2}$$

在定理 2.2.1 中，若我们以复函数 $f(x),g(x),c^{(i)}(x)$ 和实函数 $e(x)$ 代 $a_k,b_k,c_k^{(i)},e_k$，以积分号 $\int$ 代求和号 $\sum$，以 $(f^r,g^s)=\int_\alpha^\beta f^r(x)\overline{g^s(x)}\mathrm{d}x$ 代 (a^r,b^s)，以及用 $\int_\alpha^\beta|f|^p\mathrm{d}x=\|f\|_p$ 代 $\|a\|_p$，可得

定理 2.2.2　设 $f\in L^p(\alpha,\beta)$，$g\in L^q(\alpha,\beta)$，$1-e(x)+e(y)\geqslant 0$，$\|c^{(i)}\|=1$，则

$$|(f,g)|\leqslant\|f\|_p^{1/p}\|g\|_q^{1/q}(1-\omega_{m,p}^{(2)}(f,g,c,e))^{m(\frac{1}{p})},\tag{2.2.3}$$

其中 $m\left(\frac{1}{p}\right)=\min\left\{\frac{1}{p},\frac{1}{q}\right\}$,

$$\omega_{m,p}^{(2)}(f,g,c,e)=T_p^2(f,g,c^{(m)})+\sum_{i=1}^{m-1}T_p^2(f,g,c^{(i)})\prod_{k=i+1}^{m}S_p(f,c^{(k)})S_q(g,c^{(k)})$$
$$+\frac{1}{2}R_p^2(f,g,e)\prod_{k=1}^{m}S_p(f,c^{(k)})S_q(g,c^{(k)}).$$

当 $m=1$ 时，此式右边 $\sum$ 项为零. 当 $p\neq 2$ 时，$f,g\geqslant 0$；当 $p=2$ 时，f,g 可为复数.

特别地，若 $S_p(f,c)S_q(g,c)<1$，则有

$$|(f,g)|\leqslant \|f\|_p^{1/p}\|g\|_q^{1/q}\left[1-\frac{1}{1-S_p(f,c)S_q(g,c)}\cdot(S_p(f,c)-S_q(g,c))^2\right]^{m\left(\frac{1}{p}\right)}. \tag{2.2.4}$$

对于定理的证明，我们只要证明定理 2.2.1 中的(2.2.1)式成立就可以了. 要证明定理 2.2.1 的(2.2.1)式，先证明其 $p=2$ 时的情形. 下面用归纳法来证之. 首先证明 $m=1$ 时的情形，在定理 2.2.1 中我们已证

$$\begin{aligned}|(a,b)|&\leqslant \|a\|^{\frac{1}{2}}\|b\|^{\frac{1}{2}}(1-R_2^2(a,b,e))^{\frac{1}{4}}\\&\leqslant \|a\|^{\frac{1}{2}}\|b\|^{\frac{1}{2}}\left(1-\frac{1}{4}R_2^2(a,b,e)\right).\end{aligned} \tag{2.2.5}$$

由 Gram 不等式(注意此时 a_k,b_k,c_k 均为复数，Gram 不等式的一般证明请参看附录)，

$$\begin{vmatrix}(a,a)&(a,b)&(a,c)\\(b,a)&(b,b)&(b,c)\\(c,a)&(c,b)&(c,c)\end{vmatrix}\geqslant 0. \tag{2.2.6}$$

若 $(c,c)=1$，则(2.2.6)式即为

$$\begin{aligned}&(a,a)(b,b)-|(a,b)|^2-(a,a)|(b,c)|^2-(b,b)|(a,c)|^2\\&\quad+2\mathrm{Re}\,(a,b)(c,a)(b,c)\geqslant 0.\end{aligned} \tag{2.2.7}$$

由(2.2.5)式即有

$$\begin{aligned}|(a,b)(a,c)(b,c)|&\leqslant|(a,c)(b,c)|(\|a\|\,\|b\|)^{\frac{1}{2}}\\&\quad\cdot\left(1-\frac{1}{4}R_2^2(a,b,e)\right).\end{aligned} \tag{2.2.8}$$

(2.2.7)和(2.2.8)式结合即得

$$\begin{aligned}|(a,b)|^2\leqslant&(a,a)(b,b)-(\|a\|^{\frac{1}{2}}|(b,c)|-\|b\|^{\frac{1}{2}}|(a,c)|)^2\\&-\frac{1}{2}|(a,c)(b,c)|\,\|a\|^{\frac{1}{2}}\|b\|^{\frac{1}{2}}R_2^2(a,b,e).\end{aligned} \tag{2.2.9}$$

(2.2.9)式即是定理 2.2.1 的(2.2.1)式当 $p=2$，$m=1$ 时的情形. 现设 $p=2$，$m=k$ 时定理成立，即有

$$|(a,b)|\leqslant(\|a\|\,\|b\|)^{\frac{1}{2}}(1-\omega_{k,2}^2(a,b,c,e))^{\frac{1}{2}}$$

$$\leqslant (\|a\|\|b\|)^{\frac{1}{2}}\Big(1-\frac{1}{2}\omega_{k,2}^{2}(a,b,c,e)\Big). \tag{2.2.10}$$

(2.2.6) 和(2.2.10) 式结合便有

$$\begin{aligned}|(a,b)|^2 &\leqslant (a,a)(b,b)-(a,a)|(b,c^{(k+1)})|^2-(b,b)|(a,c^{(k+1)})|^2\\ &\quad +2|(a,b)||(a,c^{(k+1)})||(b,c^{(k+1)})|\\ &\leqslant (a,a)(b,b)-[\|a\|^{\frac{1}{2}}|(b,c^{(k+1)})|\\ &\quad -\|b\|^{\frac{1}{2}}|(a,c^{(k+1)})|]^2-(\|a\|\|b\|)^{\frac{1}{2}}\\ &\quad \cdot|(a,c^{(k+1)})(b,c^{(k+1)})|\omega_{k,2}^{(2)}(a,b,c,e)\\ &=(a,a)(b,b)\big(1-\omega_{k+1,2}^{(2)}(a,b,c,e)\big). \end{aligned} \tag{2.2.11}$$

于是当 $p=2$ 时定理 2.2.1 的(2.2.1) 式成立.

现在来证 $p\neq 2$ 时的情形, 不妨设 $p>q>1$, 已设 $a_k,b_k>0$, 由 Hölder 不等式, 有

$$\sum_{k=1}^{n}a_kb_k=\sum_{k=1}^{n}a_kb_k^{\frac{q}{p}}b_k^{1-\frac{q}{p}}\leqslant (a^{\frac{p}{2}},b^{\frac{q}{2}})^{\frac{2}{p}}\|b\|_q^{1-\frac{2}{p}}. \tag{2.2.12}$$

所以由定理 2.2.1 中 $p=2$ 的情形, 有

$$(a^{\frac{q}{2}},b^{\frac{p}{2}})^2\leqslant \|a\|_p\|b\|_q\big(1-\omega_{m,p}^{(2)}(a,b,c,e)\big). \tag{2.2.13}$$

将(2.2.13) 代入(2.2.12) 中即得定理的(2.2.1) 的结论.

由假设 $x=S_p(a,c)S_q(b,c)<1$, 知 $x^n\to 0\ (n\to\infty)$. 因此由(2.2.1) 取 $c^{(i)}=c$, $i=1,2,\cdots$, 即得(2.2.2) 的结论. □

若在定理 2.2.1 和定理 2.2.2 中取 $p=2$, $m=1$, 代 $R(a,b,e)$ 或 $R(f,g,e)$ 为 0, 则为高明哲的结果[M1].

2.3　应用 1——Minkowski 不等式和 Dresher 不等式的改进[胡5]

定理 2.3.1　设 $p\geqslant 1$, $a_i,b_i\geqslant 0\ (i=1,2,\cdots,n)$, 则

$$\Big[\sum_{i=1}^{n}(a_i+b_i)^p\Big]^{\frac{1}{p}}\leqslant\Big[\Big(\sum_{i=1}^{n}a_i^p\Big)^{\frac{1}{p}}+\Big(\sum_{i=1}^{n}b_i^p\Big)^{\frac{1}{p}}\Big]-\frac{1}{2}\theta(p)R^2(a,b,e), \tag{2.3.1}$$

其中 $2\theta(p)=\min\Big\{\dfrac{1}{p},1-\dfrac{1}{p}\Big\}$ 及

$$R(a,b,e)=\left[\frac{\sum_{i=1}^{n}(a_i^p+b_i^p)e_i}{\sum_{i=1}^{n}(a_i^p+b_i^p)}-\frac{\sum_{i=1}^{n}(a_i+b_i)^p e_i}{\sum_{i=1}^{n}(a_i+b_i)^p}\right]\left[\sum_{i=1}^{n}(a_i^p+b_i^p)\right]^{\frac{1}{p}},$$

$1-e_i+e_j\geqslant 0.$

若代 $R(a,b,e)$ 为 0，(2.3.1) 即为 Minkowski 不等式.

证 设 $x_i\geqslant 0$，由定理 2.2.1，可得

$$\sum_{i=1}^{n}(a_i+b_i)^{p-1}x_i\leqslant\left(\sum_{i=1}^{n}x_i^p\right)^{\frac{1}{p}}\left[\sum_{i=1}^{n}(a_i+b_i)^p\right]^{1-\frac{1}{p}}(1-w_x^2(a,b))^{\theta(p)},\tag{2.3.2}$$

其中

$$w_x(a,b)=\frac{\sum_{i=1}^{n}x_i^p\sum_{i=1}^{n}(a_i+b_i)^p e_i-\sum_{i=1}^{n}x_i^p e_i\sum_{i=1}^{n}(a_i+b_i)^p}{\sum_{i=1}^{n}x_i^p\sum_{i=1}^{n}(a_i+b_i)^p}.$$

在(2.3.2) 中分别以 $x_i=a_i,b_i$ 代之，注意到当 $y\in[0,1]$ 时，

$$(1-y)^{\theta(p)}\leqslant 1-\theta(p)y,$$

及

$$\left(\sum_{i=1}^{n}x_i^p\right)^{\frac{1}{p}-2}\geqslant\left[\sum_{i=1}^{n}(x_i^p+y_i^p)\right]^{\frac{1}{p}-2},$$

便得到

$$\sum_{i=1}^{n}(a_i+b_i)^{p-1}a_i\leqslant\left(\sum_{i=1}^{n}a_i^p\right)^{\frac{1}{p}}\left[\sum_{i=1}^{n}(a_i+b_i)^p\right]^{1-\frac{1}{p}}(1-\theta(p)w_a^2(a,b)).$$

而

$$\left(\sum_{i=1}^{n}a_i^p\right)^{\frac{1}{p}}w_a^2(a,b)=\left(\sum_{i=1}^{n}a_i^p\right)^{\frac{1}{p}-2}w_a^2(a,b)\left(\sum_{i=1}^{n}a_i^p\right)^2$$

$$\geqslant\left[\sum_{i=1}^{n}(a_i^p+b_i^p)\right]^{\frac{1}{p}-2}w_a^2(a,b)\left(\sum_{i=1}^{n}a_i^p\right)^2,$$

所以

$$\sum_{i=1}^{n}(a_i+b_i)^{p-1}a_i\leqslant\left[\sum_{i=1}^{n}(a_i+b_i)^p\right]^{1-\frac{1}{p}}\left\{\left(\sum_{i=1}^{n}a_i^p\right)^{\frac{1}{p}}-\theta(p)\right.$$

$$\left.\cdot\left[\sum_{i=1}^{n}(a_i^p+b_i^p)\right]^{\frac{1}{p}-2}\right\}w_a^2(a,b)\left(\sum_{i=1}^{n}a_i^p\right)^2.\tag{2.3.3}$$

同样

$$\sum_{i=1}^{n}(a_i+b_i)^{p-1}b_i\leqslant\Big[\sum_{i=1}^{n}(a_i+b_i)^p\Big]^{1-\frac{1}{p}}\Big\{\Big(\sum_{i=1}^{n}b_i^p\Big)^{\frac{1}{p}}-\theta(p)\cdot\Big[\sum_{i=1}^{n}(a_i^p+b_i^p)\Big]^{\frac{1}{p}-2}\Big\}w_b^2(a,b)\Big(\sum_{i=1}^{n}b_i^p\Big)^2. \quad (2.3.4)$$

将(2.3.3),(2.3.4)两式相加，再由

$$(A+B)^2\leqslant 2(A^2+B^2),\quad A,B\geqslant 0,$$

便得定理的证明. □

由 Hölder 不等式，有

$$\Big[\Big(\sum_{k=1}^{n}a_k^p\Big)^{\frac{1}{p}}+\Big(\sum_{k=1}^{n}b_k^p\Big)^{\frac{1}{p}}\Big]^{\frac{p}{p-r}}$$

$$=\left[\left(\frac{\sum_{k=1}^{n}a_k^p}{\sum_{k=1}^{n}a_k^r}\right)^{\frac{1}{p}}\Big(\sum_{k=1}^{n}a_k^r\Big)^{\frac{1}{p}}+\left(\frac{\sum_{k=1}^{n}b_k^p}{\sum_{k=1}^{n}b_k^r}\right)^{\frac{1}{p}}\Big(\sum_{k=1}^{n}b_k^r\Big)^{\frac{1}{p}}\right]^{\frac{p}{p-r}}$$

$$\leqslant\left[\left(\frac{\sum_{k=1}^{n}a_k^p}{\sum_{k=1}^{n}a_k^r}\right)^{\frac{1}{p-r}}+\left(\frac{\sum_{k=1}^{n}b_k^p}{\sum_{k=1}^{n}b_k^r}\right)^{\frac{1}{p-r}}\right]\Big[\Big(\sum_{k=1}^{n}a_k^r\Big)^{\frac{1}{r}}+\Big(\sum_{k=1}^{n}b_k^r\Big)^{\frac{1}{r}}\Big]^{\frac{r}{p-r}}$$

$$(p>1>r>0) \quad (2.3.5)$$

和 Minkowski 反向不等式：

$$\Big[\Big(\sum_{k=1}^{n}a_k^r\Big)^{\frac{1}{r}}+\Big(\sum_{k=1}^{n}b_k^r\Big)^{\frac{1}{r}}\Big]^r\leqslant\sum_{k=1}^{n}(a_k+b_k)^r, \quad (2.3.6)$$

再将(2.3.1)和(2.3.5),(2.3.6)结合计算，我们就有如下的 Dresher 不等式的改进.

定理 2.3.2　设 $0<r<1<p$ 及 $a_k,b_k\geqslant 0$，则

$$\left(\frac{\sum_{k=1}^{n}(a+b)^p}{\sum_{k=1}^{n}(a+b)^r}\right)^{\frac{1}{p-r}}\leqslant\left[\left(\frac{\sum_{k=1}^{n}a_k^p}{\sum_{k=1}^{n}a_k^r}\right)^{\frac{1}{p-r}}+\left(\frac{\sum_{k=1}^{n}b_k^p}{\sum_{k=1}^{n}b_k^r}\right)^{\frac{1}{p-r}}\right]-\left\{\frac{\Big[\Big(\sum_{k=1}^{n}a_k^p\Big)^{\frac{1}{p}}+\Big(\sum_{k=1}^{n}b_k^p\Big)^{\frac{1}{p}}\Big]^r}{\sum_{k=1}^{n}(a_k+b_k)^r}\right\}^{\frac{1}{p-r}}\frac{\theta(p)}{2}R^2(a,b,e). \quad (2.3.7)$$

同样，我们可得(2.3.1)和(2.3.7)相应的积分不等式，在此不再赘述.

应用定理2.1.1，(2.3.5)和(2.3.6)也是可以改进的. 如何选取定理2.1.1中的e_k，使得定理2.3.1和定理2.3.2显得更完美，这是本书中处处遇到的问题，应用定理2.2.1来改进定理2.3.1也是可行的. 但如何选取c_k，使定理2.3.1、定理2.3.2更完善，同样是较难的问题.

2.4 应用2——Carlson, Laudan, Hardy, Nagy等不等式的改进[胡6]

1934年F. Carlson证明了：当a_n为实数时，有

$$\left(\sum_{i=1}^{n}a_i\right)^4\leqslant \pi^2\sum_{i=1}^{n}a_i^2\sum_{i=1}^{n}i^2a_i^2.$$

此后，Landau, Hardy给予了改进，并引起了许多数学家的兴趣，导致了一系列文章发表，一系列优美的不等式出现. B. Nagy研究了许多数学家关于此类型不等式的成果[N1]，并归结为下面的不等式.

Nagy定理 若$a<b$, $a>0$, $p>1$, $q=1+(p-1)\dfrac{\alpha}{p}$, $f'\in L^p(a,b)$以及$f(x)$在区间$[a,b]$内有零点，则

$$|f(a)|^q+|f(b)|^q\leqslant q\left[\left(\int_a^b|f'(x)|^p\mathrm{d}x\right)^{\frac{1}{p}}\left(\int_a^b|f(x)|^\alpha\mathrm{d}x\right)^{\frac{1}{p'}}\right],\quad(2.4.1)$$

其中$p'=\dfrac{p}{p-1}$.

本节的目的在于改进(2.4.1)，并给出其特殊情况的应用.

定理2.4.1 同Nagy定理所设，并设$1-e(x)+e(y)\geqslant 0$, $x,y\in[a,b]$，则

$$|f(a)|^q+|f(b)|^q\leqslant$$

$$\begin{cases} q\left(\int_a^b|f'(x)|^p\mathrm{d}x\right)^{\frac{2}{p}-1}\left[\left(\int_a^b|f'(x)|^p\mathrm{d}x\int_a^b|f(x)|^\alpha\mathrm{d}x\right)^2-B^2\right]^{\frac{1}{2p'}}, & 1<p\leqslant 2,\quad(2.4.2)\\ q\left(\int_a^b|f(x)|^\alpha\mathrm{d}x\right)^{1-\frac{2}{p}}\left[\left(\int_a^b|f'(x)|^p\mathrm{d}x\int_a^b|f(x)|^\alpha\mathrm{d}x\right)^2-B^2\right]^{\frac{1}{2p}}, & p>2,\quad(2.4.3)\end{cases}$$

其中

$$B=\int_a^b|f'(x)|^p\mathrm{d}x\int_a^b|f(x)|^\alpha e(x)\mathrm{d}x-\int_a^b|f(x)|^\alpha\mathrm{d}x\int_a^b|f'(x)|^p e(x)\mathrm{d}x.$$

证　由假设，存在 $c\in(a,b)$，且 $f(c)=0$，则有

$$|f(a)|^q\leqslant q\int_a^c|f'(t)||f^{\frac{\alpha}{p}}(t)|\mathrm{d}t,$$

因而

$$|f(a)|^q+|f(b)|^q\leqslant q\int_a^b|f'(x)||f(x)|^{\frac{\alpha}{p}}\mathrm{d}x.\tag{2.4.4}$$

当 $1<p\leqslant 2$ 时，记

$$G(x)=|f'(x)|,\quad F(x)=|f(x)|^{\frac{\alpha}{p}},$$

应用定理 2.1.2 于(2.4.4) 式右边的积分，便得(2.4.2) 式；当 $p>2$ 时，记

$$F(x)=|f'(x)|,\quad G(x)=|f(x)|^{\frac{\alpha}{p}},$$

应用定理 2.1.2 于(2.4.4) 式右边的积分，便得(2.4.3) 式.　□

定理 2.4.2　设 $a_n\geqslant 0$，则

$$\left|\sum a_n\right|^2+\left|\sum(-1)^n a_n\right|^2\leqslant\pi\left[\left(\sum a_n^2\right)^2\left(\sum n^2a_n^2\right)^2-\frac{1}{4}B_2^2\right]^{\frac{1}{4}},\tag{2.4.5}$$

其中

$$B_2=\sum a_n^2\sum n(n+1)a_na_{n+1}-\sum n^2a_n^2\sum a_na_{n+1}.$$

若代 B_2 为零，(2.4.5) 即为 Nagy-Hardy-Carlson 不等式.

证　取 $f(x)=\sum\limits_{n\geqslant 1}a_n\cos nx$，则$\int_0^\pi f(x)\mathrm{d}x=0$，所以 $f(x)$ 在$(0,\pi)$ 内必有一零点. 而

$$f(0)=\sum a_n,\quad f(\pi)=\sum(-1)^n a_n,$$

所以在定理 2.4.1 中取 $a=0$，$b=\pi$，$q=p=\alpha=2$ 以及

$$f(x)=\sum_{n\geqslant 1}a_n\cos nx,\quad e(x)=\frac{1}{2}\cos x,$$

通过简单的计算，便可得(2.4.5).　□

定理 2.4.3[胡37] 设 $a_n \geqslant 0$，则

$$\left(\sum a_n\right)^4 \leqslant \pi^2\left[\sum a_n^2 \sum\left(n-\frac{1}{2}\right)^2 a_n^2\right]^2 - D^2(a), \qquad (2.4.6)$$

其中

$$D^2(a) = \| a \| \left| \sum_{k=1}^{n} \frac{(2k-1)+(-1)^{k+n}(2n+1)}{(n+k)(n+1-k)}\left(k-\frac{1}{2}\right)a_n \right|^2.$$

证 在(2.2.4)中取 $f(x) = \sum_{k=1}^{n} a_k \cos\left(k-\frac{1}{2}\right)x$，$g(x) = f'(x)$ 及 $C(x) = \sqrt{\frac{2}{\pi}}\cos\left(n+\frac{1}{2}\right)x$，则有

$$\left(\sum_{k=1}^{n} a_k\right)^2 = 2\int_0^{\pi} f'(x) f(x)\mathrm{d}x,$$

$$\sum_{k=1}^{n}\left(k-\frac{1}{2}\right)^2 a_k^2 = \frac{2}{\pi}\int_0^{\pi} |f'(x)|^2 \mathrm{d}x,$$

$$\int_0^{\pi} |C(x)|^2 \mathrm{d}x = 1, \quad (f(x), C(x)) = 0,$$

$$|(f'(x), C(x))| = \frac{1}{\sqrt{2\pi}}\left|\sum_{k=1}^{n} \frac{2k-1+(2n+1)(-1)^{n+k}}{(n+k)(n-k+1)}\right|,$$

即得(2.4.6). □

注意，我们取 $C(x) = \frac{1}{\sqrt{\pi}}$，由(2.2.4)式，也可以得到(2.4.6)的另一种改进.

2.5 应用 3——Beckenbach 不等式的改进[胡7]

设 $f(t), g(t) \geqslant 0$，$f \in L^p(0,T)$，$g \in L^q(0,T)$，$a, b, c > 0$ 及 $p, q > 0$，$\frac{1}{p}+\frac{1}{q}=1$. 若记

$$G(f) = \left(a + c\int_0^T f^p \mathrm{d}t\right)^{\frac{1}{p}} \Big/ \left(b + c\int_0^T fg\,\mathrm{d}t\right),$$

Beckenbach 证明了[B1]

$$G(h) \leqslant G(f), \qquad (2.5.1)$$

其中 $h = \left(\frac{ag}{b}\right)^{\frac{q}{p}}$，当且仅当 $f = h$ a.e. 时等号成立.

定理 2.5.1　同 Beckenbach 定理所设，则有

$$G(h)\leqslant G(f)\left[1-\left(\frac{a}{a+c\int_0^T f^p\mathrm{d}t}-a^{-\frac{q}{p}}b^qG^q(h)\right)^2\right]^{\Phi(p)},\quad (2.5.2)$$

其中，当 $p>q$ 时 $\Phi(p)=\dfrac{1}{2p}$；当 $p\leqslant q$ 时 $\Phi(p)=\dfrac{p-1}{2p}$，等号当且仅当 $f=h$ a.e. 时成立.

此定理明显为 Beckenbach 不等式的改进.

证　易见

$$G(h)=\frac{\left[a+c\int_0^T\left(\frac{ag}{b}\right)^q\mathrm{d}t\right]^{\frac{1}{p}}}{b+c\int_0^T\left(\frac{ag}{b}\right)^{\frac{q}{p}}g\,\mathrm{d}t}$$

$$=\left(a^{-\frac{q}{p}}b^q+c\int_0^T g^q\mathrm{d}t\right)^{-\frac{1}{q}}.\quad (2.5.3)$$

在定理 2.1.1 中，我们取 $e_1=1$，$e_2=0$ 和 $\tilde{e}_1=1$，$\tilde{e}_2==0$，得到

$$b+c\int_0^T fg\,\mathrm{d}t\leqslant b+c\left(\int_0^T f^p\mathrm{d}t\right)^{\frac{1}{p}}\left(\int_0^T g^q\mathrm{d}t\right)^{\frac{1}{q}}$$

$$=a^{\frac{1}{p}}(ba^{-\frac{1}{p}})+c\left(\int_0^T f^p\mathrm{d}t\right)^{\frac{1}{p}}\left(\int_0^T g^q\mathrm{d}t\right)^{\frac{1}{q}}$$

$$\leqslant\left(a^{-\frac{q}{p}}b^q+c\int_0^T g^q\mathrm{d}t\right)^{\frac{1}{q}-\frac{1}{p}}\left\{\left(a^{-\frac{q}{p}}b^q+c\int_0^T g^q\mathrm{d}t\right)^2\right.$$

$$\cdot\left(a+c\int_0^T f^p\mathrm{d}t\right)^2-\left[a\left(a^{-\frac{q}{p}}b^q+c\int_0^T g^q\mathrm{d}t\right)\right.$$

$$\left.\left.-a^{-\frac{q}{p}}b^q\left(a+c\int_0^T f^p\mathrm{d}t\right)\right]^2\right\}^{\frac{1}{2p}},\quad p>q.\quad (2.5.4)$$

不等式(2.5.4) 可以写为

$$\left(a^{-\frac{q}{p}}b^q+c\int_0^T g^q\mathrm{d}t\right)^{-\frac{1}{q}}\leqslant G(f)\left[1-\left(\frac{a}{a+c\int_0^T f^p\mathrm{d}t}-\frac{a^{-\frac{q}{p}}b^q}{a^{-\frac{q}{p}}b^q+c\int_0^T g^q\mathrm{d}t}\right)^2\right]^{\frac{1}{2p}}.$$

(2.5.5)

(2.5.5) 和(2.5.3) 式结合，即得当 $p>q$ 时(2.5.2) 的证明. 同理可证 $p\leqslant q$ 时的情形.　□

2.6 应用 4——Opial-Beesack 不等式的改进[胡8],[胡9]

1960 年，Z. Opial 证明了[O1]

定理 A 若 $f'(x)$ 为 $[0,h]$ 上的连续函数，$f(0)=f(h)=0$，则

$$\int_0^h |f(x)f'(x)|\,\mathrm{d}x \leqslant \frac{h}{4}\int_0^h |f'(x)|^2\,\mathrm{d}x. \tag{A}$$

此后，C. Olech[O1′] 证明了：以 f 为绝对连续函数代替 $f'(x)$ 为连续，(A) 式亦成立. Opial,Olech 的结果发表以后，引起了不少数学家的兴趣，导致了一系列有关文章的发表. 在中国，著名数学家华罗庚先生首先在《中国科学》上发表了文章将(A) 式加以推广. 后来 Paul R. Beesack 将(A) 式改进为

定理B 设 $f(x)$ 为 $[a,b]$ 上的绝对连续函数，$f(0)=0$，$p>1$，$\frac{1}{p}+\frac{1}{q}=1$，$B(x)>0$，$\int_0^b B^p(x)|f'(x)|^p\mathrm{d}x$ 和 $\int_0^b B^{-q}(x)\mathrm{d}x$ 存在，则

$$\int_0^b |f(x)f'(x)|\,\mathrm{d}x \leqslant \frac{1}{2}\left(\int_0^b B^{-q}(x)\mathrm{d}x\right)^{\frac{2}{q}}\left(\int_0^b B^p(x)|f'(x)|^p\mathrm{d}x\right)^{\frac{2}{p}}. \tag{B}$$

然而无论从国内或国外有关文献看，可以断言，已发表的有关 Opial-Olech 不等式的一系列文章，只是 Opial-Olech 所得不等式(A) 的各种形式的推广. 这里，我们将利用定理2. 1. 2，对 Opial-Olech 不等式(2. 5. 1) 给予实质上的改进. 在第 3 章我们还将讨论 Opial- 华罗庚型不等式问题.

定理 2. 6. 1 设

(i) $f(x)$ 在 $[0,h]$ 上绝对连续，$f(0)=0$，

(ii) 若 $B(x)>0$，$\int_0^h B^{-q}(x)\mathrm{d}x$ 和 $\int_0^h B^p(x)|f'(x)|^p\mathrm{d}x$ 存在，

(iii) $1-e(x)+e(y)\geqslant 0$，

记

$$\int_0^h B^{-q}(x)\mathrm{d}x = k_1 \quad 和 \quad \int_0^h \frac{e(x)}{B^q(x)}\mathrm{d}x = k_2,$$

则

$$\int_0^h |f(x)f'(x)|\mathrm{d}x \leqslant$$

$$\begin{cases} \dfrac{1}{2}k_1^{\frac{2}{q}-\frac{2}{p}}\left[\left(k_1\int_0^h B^p(x)|f'(x)|^p\mathrm{d}x\right)^2 - w^2(0,h)\right]^{\frac{1}{p}}, p\geqslant 2; & (2.6.1)\\ \dfrac{1}{2}\left(\int_0^h B^p(x)|f'(x)|^p\mathrm{d}x\right)^{\frac{2}{p}-\frac{2}{q}}\left[\left(k_1\int_0^h B^p(x)|f'(x)|^p\mathrm{d}x\right)^2 - w^2(0,h)\right]^{\frac{1}{q}}, & \\ \qquad 1<p<2, & (2.6.2)\end{cases}$$

其中

$$w(0,h) = k_1\int_0^h e(x)B(x)|f'(x)|^p\mathrm{d}x - k_2\int_0^h B^p(x)\ |f'(x)|^p\mathrm{d}x.$$

特别地，有

$$\int_0^h |f(x)f'(x)|\mathrm{d}x \leqslant \frac{h}{2}\left[\left(\int_0^h |f'(x)|^2\mathrm{d}x\right)^2 - \left(\frac{1}{2}\int_0^h |f'(x)|^2\cos\frac{\pi x}{h}\,\mathrm{d}x\right)^2\right]^{\frac{1}{2}}. \quad (2.6.3)$$

若取 $B(x)=1$，$e(x)=\frac{1}{2}\cos\frac{\pi x}{h}$，(2.6.1) 即为(2.6.3)．若取 $B(x)\equiv e(x)\equiv 1$，则 $w(0,h)=0$，即为 Opial-Olech 不等式.

证　设 $H(x)=\int_0^h |f'(x)|\mathrm{d}x$，$x\in[0,h]$，则 $|f(x)|\leqslant H(x)$．又有

$$\int_0^h |f(x)f'(x)|\mathrm{d}x \leqslant \int_0^h H(x)H'(x)\mathrm{d}x = \frac{1}{2}H^2(h) = \frac{1}{2}\left(\int_0^h |f'(x)|\mathrm{d}x\right)^2. \quad (2.6.4)$$

在定理 2.1.2 中，取 $p\geqslant 2$，

$$F(x)=B(x)f'(x),\quad G(x)=\frac{1}{B(x)},$$

可得所求(2.6.1) 式. 同理可得 $1<p<2$ 时的情形.　□

定理 2.6.2　设

(i)　$f(x)$ 在$[0,h]$上绝对连续，$f(0)=f(h)=0$，

(ii)　若 $B(x)>0$，$\int_0^{\frac{h}{2}} B^{-q}(x)\mathrm{d}x = \int_{\frac{h}{2}}^h B^{-q}(x)\mathrm{d}x = k_1$，

(iii)　$1-e(x)+e(y)\geqslant 0$，$\int_0^{\frac{h}{2}} \frac{e(x)}{B^q(x)}\mathrm{d}x = \int_{\frac{h}{2}}^h \frac{e(x)}{B^q(x)}\mathrm{d}x = k_2$，

则当 $1<p\leqslant 2$ 时，有

$$\int_0^h |f(x)f'(x)|\mathrm{d}x \leqslant \frac{1}{2}\Big[\Big(k_1\int_0^h B^p(x)|f'(x)|^p\mathrm{d}x\Big)^2 - w^2(0,h)\Big]^{\frac{1}{q}} \cdot \Big(\int_0^h B^p(x)|f'(x)|^p\mathrm{d}x\Big)^{\frac{4}{p}-2}, \qquad (2.6.5)$$

其中

$$w(0,h) = k_1\int_0^h e(x)B^p(x)|f'(x)|^p\mathrm{d}x - k_2\int_0^h B^p(x)|f'(x)|^p\mathrm{d}x.$$

特别地，有

$$\int_0^h |f(x)f'(x)|\mathrm{d}x \leqslant \frac{h}{4}\Big[\Big(\Big(\int_0^h |f'(x)|^2\mathrm{d}x\Big)^2 - \Big(\frac{1}{2}\int_0^h |f'(x)|^2\cos\frac{2\pi x}{h}\,\mathrm{d}x\Big)^2\Big]^{\frac{1}{2}}. \quad (2.6.6)$$

若取 $B(x)=1$，$e(x)=\frac{1}{2}\cos\frac{2\pi x}{h}$，(2.6.5) 即为(2.6.6)式. 若取 $B(x)\equiv e(x)\equiv 1$，则 $w(0,h)=0$，即为 Opial-Olech 不等式.

证　由假设及定理 2.6.1，得(记 $q=\frac{p}{p-1}$)

$$I_1 = \int_0^{\frac{h}{2}} |f(x)f'(x)|\mathrm{d}x \leqslant \Big[\frac{1}{2}\Big(k_1\int_0^{\frac{h}{2}} B^p(x)|f'(x)|^p\mathrm{d}x\Big)^2 - w^2\Big(0,\frac{h}{2}\Big)\Big]^{\frac{1}{q}} \cdot \Big(\int_0^{\frac{h}{2}} B^p(x)|f'(x)|^p\mathrm{d}x\Big)^{\frac{4}{p}-2}, \qquad (2.6.7)$$

$$I_2 = \int_0^{\frac{h}{2}} |f(h-x)f'(h-x)|\mathrm{d}x = \int_{\frac{h}{2}}^h |f(x)f'(x)|\mathrm{d}x \leqslant \Big[\frac{1}{2}\Big(k_1\int_{\frac{h}{2}}^h B^p(x)|f'(x)|^p\mathrm{d}x\Big)^2 - w^2\Big(\frac{h}{2},h\Big)\Big]^{\frac{1}{q}} \cdot \Big(\int_{\frac{h}{2}}^h B^p(x)|f'(x)|^p\mathrm{d}x\Big)^{\frac{4}{p}-2}, \qquad (2.6.8)$$

注意到下面简单的事实，若 $A_+,A_-\geqslant 0$ 和 $B_+,B_-\geqslant 0$，则

$$\sqrt{A_+A_-}+\sqrt{B_+B_-}\leqslant\sqrt{(A_++B_+)(A_-+B_-)}. \qquad (2.6.9)$$

若 $A,B>0$ 及 $t>0$，则

$$A^\alpha B^{1-\alpha}\leqslant \alpha A t^{-\frac{1}{\alpha}} + (1-\alpha)Bt^{\frac{1}{1-\alpha}},\quad \alpha\in(0,1). \qquad (2.6.10)$$

取 $\alpha = 2 - p$，由(2.6.7) 和(2.6.8) 得

$$2^p(I_1^{p/2} + I_2^{p/2}) \leqslant \alpha t^{-\frac{1}{\alpha}}\int_0^h B^p(x)|f'(x)|^p\mathrm{d}x + (1-\alpha)t^{\frac{1}{1-\alpha}} \cdot \left[\left(k_1\int_0^{\frac{h}{2}} B^p(x)|f'(x)|^p\mathrm{d}x\right)^2 - w^2\left(0,\frac{h}{2}\right)\right]^{\frac{1}{2}} + (1-\alpha)t^{\frac{1}{1-\alpha}}\left[\left(k_1\int_{\frac{h}{2}}^h B^p(x)|f'(x)|^p\mathrm{d}x\right)^2 - w^2\left(\frac{h}{2},h\right)\right]^{\frac{1}{2}}. \tag{2.6.11}$$

再由(2.6.9)，得出(2.6.11) 最后两项之和小于或等于 $(1-\alpha)t^{\frac{1}{1-\alpha}}$ 乘上

$$\left[\int_{\frac{h}{2}}^h k_1 B^p(x)|f'(x)|^p\mathrm{d}x - w\left(\frac{h}{2},h\right) + \int_0^{\frac{h}{2}} k_1 B^p(x)|f'(x)|^p\mathrm{d}x - w\left(0,\frac{h}{2}\right)\right]^{\frac{1}{2}} \cdot \left[\int_{\frac{h}{2}}^h k_1 B^p(x)|f'(x)|^p\mathrm{d}x + w\left(\frac{h}{2},h\right) + \int_0^{\frac{h}{2}} k_1 B^p(x)|f'(x)|^p\mathrm{d}x + w\left(0,\frac{h}{2}\right)\right]^{\frac{1}{2}}$$
$$= \left[\left(k_1\int_0^h B^p(x)|f'(x)|^p\mathrm{d}x\right)^2 - w^2(0,h)\right]^{\frac{1}{2}}. \tag{2.6.12}$$

将它代入(2.6.11) 式便得到

$$2^{\frac{p}{2}}(I_1^{p/2} + I_2^{p/2}) \leqslant \alpha t^{-\frac{1}{\alpha}}\int_0^h B^p(x)|f'(x)|^p\mathrm{d}x + (1-\alpha)t^{\frac{1}{1-\alpha}} \cdot \left[\left(k_1\int_0^h B^p(x)|f'(x)|^p\mathrm{d}x\right)^2 - w^2(0,h)\right]^{\frac{1}{2}}. \tag{2.6.13}$$

取

$$t^{\alpha(1-\alpha)} = \int_0^h B^p(x)|f'(x)|^p\mathrm{d}x \cdot \left[\left(\int_0^h B^p(x)|f'(x)|^p\mathrm{d}x\right)^2 - w^2(0,h)\right]^{\frac{1}{2}},$$

可得

$$2^{\frac{p}{2}}(I_1^{p/2} + I_2^{p/2}) \leqslant \left(\int_0^h B^p(x)|f'(x)|^p\mathrm{d}x\right)^\alpha \cdot \left[\left(\int_0^h B^p(x)|f'(x)|^p\mathrm{d}x\right)^\alpha - w^2(0,h)\right]^{\frac{1-\alpha}{2}}. \tag{2.6.14}$$

又因 $1 < p \leqslant 2$，由 Minkowski 不等式有

$$\left(\int_0^h f(x)\,|\,f'(x)\,|\,\mathrm{d}x\right)^{\frac{p}{2}} = (I_1 + I_2)^{\frac{p}{2}} \leqslant I_1^{p/2} + I_2^{p/2}. \tag{2.6.15}$$

将(2.6.14)和(2.6.15)结合起来便得到(2.6.5)式. □

用同样的证法可得 $p > 2$ 时相应(2.6.5)的不等式.

2.7 应用5——钟开莱不等式的推广与改进[胡10]

设 $b_1, b_2, \cdots, b_n$ 为实数，$a_1 \geqslant a_2 \geqslant \cdots \geqslant a_n \geqslant 0$，

$$\sum_{i=1}^k a_i \leqslant \sum_{i=1}^k b_i,\quad k = 1, 2, \cdots, n.$$

Marsh 证明了

$$\sum_{i=1}^n a_i^2 \leqslant \sum_{i=1}^n b_i^2. \tag{2.7.1}$$

在此我们证明较(2.7.1)式稍广的结果.

定理 2.7.1 设 $b_1, b_2, \cdots, b_n$ 为实数，$a_1 \geqslant a_2 \geqslant \cdots \geqslant a_n \geqslant 0$，且 $\sum\limits_{i=1}^k a_i \leqslant \sum\limits_{i=1}^k b_i$，$k = 1, 2, \cdots, n$. 则有

$$\sum_{i=1}^n a_i^p \leqslant \sum_{i=1}^n |b_i|^p \left[1 - \frac{\left(\sum\limits_{i=1}^n a_1^p e_i \sum\limits_{j=1}^n |b_j|^p - \sum\limits_{i=1}^n a_i^p \sum\limits_{j=1}^n |b_j|^p e_j\right)^2}{\left(\sum\limits_{i=1}^n a_i^p \sum\limits_{j=1}^n |b_j|^p\right)^2}\right]^{\frac{\theta(p)}{2}}, \tag{2.7.2}$$

其中，当 $p > 2$ 时 $\theta(p) = p - 1$；当 $p < 2$ 时，$\theta(p) = 1$.

显然，当 $q = p = 2$ 时(2.7.2)为(2.7.1)式的改进.

证 记 $S_k = \sum\limits_{i=1}^k a_i$，$\overline{S}_k = \sum\limits_{i=1}^k b_i$，由定理 2.1.1，得

$$\begin{aligned}
\sum_{k=1}^n a_k^p &= \sum_{k=1}^n (a_k^{p-1} - a_{k+1}^{p-1}) \sum_{i=1}^k a_i \\
&\leqslant \sum_{k=1}^n (a_k^{p-1} - a_{k+1}^{p-1}) \sum_{i=1}^k b_i \quad (a_{n+1} = 0) \\
&\leqslant \sum_{k=1}^n a_k^{p-1} b_k
\end{aligned}$$

$$\leqslant \left(\sum_{k=1}^{n}|b_k|^p\right)^{\frac{1}{q}-\frac{1}{p}}\Big[\left(\sum_{i=1}^{n}a_i^p\sum_{j=1}^{n}|b_j|^p\right)^2-\left(\sum_{i=1}^{n}a_i^p e_i\sum_{j=1}^{n}|b_j|^p\right.$$

$$\left.-\sum_{i=1}^{n}a_i^p\sum_{j=1}^{n}|b_j|^p e_j\right)^2\Big]^{\frac{1}{2p}}, \tag{2.7.3}$$

其中 $p>2$, $q=\dfrac{p}{p-1}$.

整理(2.7.3)，即得 $p>2$ 时的(2.7.2) 式. 同理可得 $2>p>1$ 时的(2.7.2) 式. □

注意：若在(2.7.2) 中去掉右边负项，$p=2$ 时称为钟开莱不等式. 后来李文荣附加了条件证明了 $p\neq 2$ 时的情形[杨1′]. 实际上，去掉(2.7.2) 的右边负项还有更精细的结果，请参看[石 1]. 在此就不详细介绍了.

另外，我们在 2.4～2.7 节中均未用定理 2.2.1（或定理 2.2.2）来改进一些定理，特留给读者考虑.

2.8　应用 6——Ky Fan 不等式的改进[胡1],[胡11]

本节应用定理 2.1.2 来改进 Ky Fan 的有关矩阵的不等式.

定理 2.8.1　若 $\boldsymbol{A},\boldsymbol{B}$ 及 $\boldsymbol{C}$ 是三个实的 n 阶正定矩阵，$1\geqslant\lambda\geqslant 0$，则

$$\frac{1}{|\lambda\boldsymbol{A}+(1-\lambda)\boldsymbol{B}|}$$

$$\leqslant\frac{1}{|\boldsymbol{A}|^{\lambda}|\boldsymbol{B}|^{1-\lambda}}\left[1-\left(\frac{\sqrt{|\boldsymbol{A}|}}{\sqrt{|\boldsymbol{A}+\boldsymbol{C}|}}-\frac{\sqrt{|\boldsymbol{B}|}}{\sqrt{|\boldsymbol{B}+\boldsymbol{C}|}}\right)^2\right]^{m(\lambda)}, \tag{2.8.1}$$

其中 $m(\lambda)=\min\{\lambda,1-\lambda\}$.

当 $\boldsymbol{C}=\boldsymbol{O}$ 时，(2.8.1) 为著名的 Ky Fan 不等式.

证　注意到若 $\boldsymbol{D}$ 为 n 阶正定矩阵，则

$$J_n=\int_{-\infty}^{+\infty}\cdots\int_{-\infty}^{+\infty}\mathrm{e}^{-(\boldsymbol{x},\boldsymbol{D}\boldsymbol{x})}\,\mathrm{d}\boldsymbol{x}=\frac{\pi^{\frac{n}{2}}}{|\boldsymbol{D}|^{\frac{1}{2}}}, \tag{2.8.2}$$

其中 $\mathrm{d}\boldsymbol{x}=\mathrm{d}x_1\mathrm{d}x_2\cdots\mathrm{d}x_n$，所以

$$\frac{\pi^{\frac{n}{2}}}{|\lambda\boldsymbol{A}+(1-\lambda)\boldsymbol{B}|^{\frac{1}{2}}}=\int_{-\infty}^{+\infty}\cdots\int_{-\infty}^{+\infty}\mathrm{e}^{-\lambda(\boldsymbol{x},\boldsymbol{A}\boldsymbol{x})-(1-\lambda)(\boldsymbol{x},\boldsymbol{B}\boldsymbol{x})}\,\mathrm{d}\boldsymbol{x}. \tag{2.8.3}$$

在定理 2.1.2 中取

$$G(\boldsymbol{x}) = \mathrm{e}^{-\lambda(\boldsymbol{x},\boldsymbol{A}\boldsymbol{x})}, \quad F(\boldsymbol{x}) = \mathrm{e}^{-(1-\lambda)(\boldsymbol{x},\boldsymbol{B}\boldsymbol{x})},$$

$$e(\boldsymbol{x}) = \mathrm{e}^{-(\boldsymbol{x},\boldsymbol{C}\boldsymbol{x})}, \quad q = \frac{1}{\lambda}, \quad p = (1-\lambda)^{-1},$$

即得所求结果. □

下面是 Ky Fan 不等式的另一种改进.

定理 2.8.2 设 $\boldsymbol{A},\boldsymbol{B},\boldsymbol{C},\boldsymbol{D}$ 为 4 个 n 阶正定矩阵, 则

$$\frac{1}{|\lambda\boldsymbol{A}+(1-\lambda)\boldsymbol{B}|} \leqslant \frac{1}{|\boldsymbol{A}|^{\lambda}|\boldsymbol{B}|^{1-\lambda}}(1-\omega^{(2)}(\boldsymbol{A},\boldsymbol{B},\boldsymbol{C},\boldsymbol{D}))^{2m(\lambda)}, \tag{2.8.4}$$

其中 $m(\lambda) = \min\{\lambda, 1-\lambda\}$, $|\boldsymbol{C}| = \pi^n$ 及

$$\omega^{(2)}(\boldsymbol{A},\boldsymbol{B},\boldsymbol{C},\boldsymbol{D}) = \left(\frac{|\boldsymbol{A}|^{\frac{1}{4}}}{\left|\frac{1}{2}(\boldsymbol{A}+\boldsymbol{C})\right|^{\frac{1}{2}}} - \frac{|\boldsymbol{B}|^{\frac{1}{4}}}{\left|\frac{1}{2}(\boldsymbol{B}+\boldsymbol{C})\right|^{\frac{1}{2}}}\right)^2$$

$$\cdot \sum_{k=0}^{m-1}\left(\frac{\sqrt{|\boldsymbol{A}|\,|\boldsymbol{B}|}}{\left|\frac{1}{2}(\boldsymbol{A}+\boldsymbol{C})\right|\left|\frac{1}{2}(\boldsymbol{B}+\boldsymbol{C})\right|}\right)^{\frac{k}{2}}$$

$$+\frac{1}{2}\left(\frac{\sqrt{|\boldsymbol{A}|\,|\boldsymbol{B}|}}{\left|\frac{1}{2}(\boldsymbol{A}+\boldsymbol{C})\right|\left|\frac{1}{2}(\boldsymbol{B}+\boldsymbol{C})\right|}\right)^{\frac{m}{2}}$$

$$\cdot\left(\frac{\sqrt{|\boldsymbol{A}|}}{\sqrt{|\boldsymbol{A}+\boldsymbol{D}|}} - \frac{\sqrt{|\boldsymbol{B}|}}{\sqrt{|\boldsymbol{B}+\boldsymbol{D}|}}\right)^2.$$

证明方法完全和定理 2.8.1 的证明方法一样. 只是我们应用了定理 2.2.2 的(2.2.3) 式, $\boldsymbol{C}^{(i)} = \boldsymbol{C}$, $i = 1,2,\cdots,m$.

2.9 应用 7——Jenkins 不等式的改进与证明的简化[胡1],[胡4]

此节和下节均引用了复变函数的已知结果, 读者如果不熟悉, 只当做已知条件看就可以了.

设 $f(x) = \sum_{n=1}^{\infty} a_n z^n$ 在单位圆盘 $|z| < 1$ 内正则, 对单位圆盘内任意两点 z_1, z_2, $f(z_1)f(z_2) \neq 1$, 记其族为 B. Jenkins 用深刻的方法、冗长的篇幅(27 个页面), 后来夏道行用了 17 个页面证明了:

$$|f(z_0)| \leqslant \frac{|z_0|}{\sqrt{1-|z_0|^2}}. \tag{2.9.1}$$

对于圆盘内任意选定的 z_0，(2.9.1) 式等号成立的充要条件是

$$|a_n| = |z_0|^{n-1}\sqrt{1-|z_0|^2},\quad n=1,2,\cdots.$$

现在证明进一步的结果. 相对来说，我们的方法是初等的. 把(2.9.1)式等号成立之话，放在改进后的公式中，一目了然. 美国数学评论(83m: 26019) 称下面的定理为杰出的非凡的定理.

定理 2.9.1　若 $f(z)\in B$，则

$$|f(z_0)| \leqslant \frac{|z_0|}{\sqrt{1-|z_0|^2}}\left\{1-[(1-|z_0|^2)|z_0|^{2n-2}-|a_n|^2]^2\right\}^{\frac{1}{4}},$$

$$n=1,2,\cdots. \tag{2.9.2}$$

证　在定理 2.1.1 中取 $p=q=2$，$A_k=a_k$，$B_k=\rho^{k-1}$，$\rho=|z_0|$，$\tilde{e}_k=1$ 和 $e_k=0$，$k\neq n$，$e_n=1$，可得

$$\left(\sum_{k=1}^{\infty}|a_k|\rho^{k-1}\right)^4 \leqslant \left(\frac{1}{1-\rho^2}\sum_{k=1}^{\infty}|a_k|^2\right)^2-\left(\frac{1}{1-\rho^2}|a_n|^2-\rho^{2n-1}\sum_{k=1}^{\infty}|a_k|^2\right)^2. \tag{2.9.3}$$

但由[A1]，

$$\sum_{n=1}^{\infty}|a_n|^2 \leqslant 1, \tag{2.9.4}$$

将其代入(2.9.3)式，即可证得定理. □

上面我们用较初等的方法改进了 Jenkins 定理，在此我们证明更进一步的结果.

定理 2.9.2　设 $f(z)=\sum_{k=1}^{\infty}a_kz^k\in B$，则对 D 内任一点 z_0，$|z_0|=r<1$，有

$$|f(z_0)| \leqslant \frac{r}{\sqrt{1-r^2}}\left[1-\frac{1}{1-|a_n|r^{\theta(n)}\sqrt{1-r^2}}\cdot(|a_n|-r^{n-1}\sqrt{1-r^2})^2\right]^{\frac{1}{2}}, \tag{2.9.5}$$

其中 $\theta(n-1)=n-1$，$n\geqslant 2$，$\theta(1)=2$.

证　在定理 2.2.1 的(2.2.2)式中取 $c_n=1$，$c_k=0$，$k\neq n$，以 a_k 代

$|a_k|$，则由(2.9.4)式可得

$$|f(z_0)|\leqslant r\left\{\frac{1}{1-r^2}\sum_{k=1}^{\infty}|a_k|^2-\frac{1}{1-|a_n|r^{n-1}\sqrt{1-r^2}\left(\sum_{k=1}^{\infty}|a_k|^2\right)^{-\frac{1}{2}}}\right.$$

$$\left.\cdot\left[\frac{|a_n|}{\sqrt{1-r^2}}-r^{n-1}\left(\sum_{k=1}^{\infty}|a_k|^2\right)^{\frac{1}{2}}\right]^2\right\}^{\frac{1}{2}}$$

$$\leqslant r\left\{\frac{1}{1-r^2}\sum_{k=1}^{\infty}|a_k|^2-\frac{1}{1-|a_n|r^{\theta(n)}\sqrt{1-r^2}}\right.$$

$$\left.\cdot\left[\frac{|a_n|}{\sqrt{1-r^2}}-r^{n-1}\left(\sum_{k=1}^{\infty}|a_k|^2\right)^{\frac{1}{2}}\right]^2\right\}^{\frac{1}{2}}. \tag{2.9.6}$$

易知

$$1-(|a_n|r^{\theta(n)}\sqrt{1-r^2})\geqslant r^{n-1}(1-r^2).$$

而由$\sum\limits_{n=1}^{\infty}|a_n|^2\leqslant 1$，有

$$|f(z_0)|\leqslant r\left\{\frac{1}{1-r^2}\sum_{k=1}^{\infty}|a_k|^2-\frac{1}{1-|a_n|r^{\theta(n)}\sqrt{1-r^2}}\right.$$

$$\left.\cdot\left[\frac{|a_n|}{\sqrt{1-r^2}}-r^{n-1}\left(\sum_{k=1}^{\infty}|a_k|^2\right)^{\frac{1}{2}}\right]^2\right\}^{\frac{1}{2}}$$

$$=r\left[\left(\frac{1}{\sqrt{1-r^2}}-\frac{r^{n-1}}{\sqrt{1-|a_n|r^{\theta(n)}\sqrt{1-r^2}}}\right)\right.$$

$$\left.\cdot\left(\sum_{k=1}^{\infty}|a_k|^2\right)^{\frac{1}{2}}+\frac{|a_n|/\sqrt{1-r^2}}{\sqrt{1-|a_n|r^{\theta(n)}\sqrt{1-r^2}}}\right]$$

$$\cdot\left[\left(\frac{1}{\sqrt{1-r^2}}+\frac{r^{n-1}}{1-|a_n|r^{\theta(n)}\sqrt{1-r^2}}\right)\right.$$

$$\left.\cdot\left(\sum_{k=1}^{\infty}|a_k|^2\right)^{\frac{1}{2}}-\frac{|a_n|/\sqrt{1-r^2}}{\sqrt{1-|a_n|r^{\theta(n)}\sqrt{1-r^2}}}\right]$$

$$\leqslant r\left(\frac{1}{1-r^2}-\frac{1}{1-|a_n|r^{\theta(n)}\sqrt{1-r^2}}\right)\left(\frac{|a_n|}{\sqrt{1-r^2}}-r^{n-1}\right)^2.$$

此即(2.9.5). □

2.10　应用 8——单叶函数中 $|f|$ 的偏差定理的改进[胡4],[胡11]

设函数 $f(z)=z+\sum_{n=2}^{\infty}b_nz^n$ 在 $|z|<1$ 内单叶解析，记其族为 S. 若 $f_2(z)=z+\sum_{n=2}^{\infty}b_nz^{2n-1}\in S$，记此种奇函数所成的族为 S_2. 又知：若 $f\in S$，则 $f_2(z)=f^{\frac{1}{2}}(z^2)=z+\sum_{n=2}^{\infty}b_nz^{2n-1}\in S_2$. 所以考虑 S 中函数偏差定理只需考虑 S_2 中函数偏差定理就可以了.

设函数 $f_2(z)=f^{\frac{1}{2}}(z^2)=z+\sum_{n=2}^{\infty}b_nz^{2n-1}\in S_2$，我们熟知

$$|f_2(\rho e^{i\theta})|\leqslant\frac{\rho}{1-\rho^2}\quad(0<\rho<1).$$

现在我们证明更强的结果：

定理 2.10.1　若 $f_2(z)\in S_2$，则

$$|f_2(\rho e^{i\theta})|\leqslant\|f_2(\rho e^{i\theta})\|\leqslant\frac{\rho}{1-\rho^2}\Big[1-(1-\rho^2)^2\rho^{4N}\Big(N-\sum_{k=1}^{N}|b_k|^2\Big)^2\Big]^{\frac{1}{4}},\tag{2.10.1}$$

此处，$b_1=1$，$\|f_2(\rho e^{i\theta})\|=\sum_{n=1}^{\infty}|b_n|\rho^{2n-1}$.

证　在定理 2.1.1 中取 $p=q=2$ 及 $A_k=|b_k|\rho^{k-\frac{1}{2}}$，$B_k=\rho^{k-\frac{1}{2}}$ 及 $e_k=\rho^{2N-2k+1}(1\leqslant k\leqslant N)$，$e_k=0\ (k>N)$，$\tilde{e}(k)=0$，则有

$$\begin{aligned}|f(\rho e^{i\theta})|^4&\leqslant\|f_2(\rho e^{i\theta})\|^4\\&\leqslant\Big(\frac{\rho}{1-\rho^2}\Big)^2\Big(\sum_{n=1}^{\infty}|b_n|^2\rho^{2n-1}\Big)^2\\&\quad-\rho^{4N}\Big(N\sum_{k=1}^{\infty}|b_k|^2\rho^{2k-1}-\frac{\rho}{1-\rho^2}\sum_{k=1}^{N}|b_k|^2\Big)^2.\end{aligned}\tag{2.10.2}$$

而 Baernstein 证明了[B1′]

$$\sum_{k=1}^{\infty}|b_k|^2\rho^{2k-1}\leqslant\frac{\rho}{1-\rho^2},\tag{2.10.3}$$

将其代入(2.10.2)式中，即证得定理. □

定理 2.10.2 若 $f_2(z)=z+\sum\limits_{n=2}^{\infty}b_n z^{2n-1}\in S_2$，则对任一$\rho\in(0,1)$，当$|z|=\rho$时使得 $\|f(\rho e^{i\theta})\|=\dfrac{\rho}{1-\rho^2}$成立的充要条件为$|b_k|=1$，$k=2,3,\cdots$.

证 同定理 2.10.1 的证明，只是取 $\tilde{e}_i\equiv 1$，$i=1,2,\cdots$ 和 $e_k=1$，其他为 0，

$$\|f_2(\rho e^{i\theta})\|^4\leqslant\left(\frac{\rho}{1-\rho^2}\right)^2\left(\sum_{n=1}^{\infty}|b_n|^2\rho^{2n-1}\right)^2 -\rho^{4k-2}\left(\sum_{n=1}^{\infty}|b_n|^2\rho^{2n-1}-\frac{|b_k|^2\rho}{1-\rho^2}\right)^2. \tag{2.10.4}$$

由(2.10.3)式，得

$$\|f_2(\rho e^{i\theta})\|^4\leqslant\left(\frac{\rho}{1-\rho^2}\right)^2\left[\left(\frac{\rho}{1-\rho^2}\right)^2-\rho^{4k-2}(1-|b_k|^2)\right],\quad k=1,2,\cdots. \tag{2.10.5}$$

由(2.10.5)易见

$$\|f_2(\rho e^{i\theta})\|=\frac{\rho}{1-\rho^2}\Leftrightarrow|b_k|=1,\ k=2,3,\cdots.$$ □

我们同时看出，证明所得的(2.10.5)式比原来的偏差定理$|f(\rho e^{i\theta})|\leqslant\dfrac{\rho}{1-\rho^2}$要强得多，并说明了更多的事实. 下面再证明一个与定理 2.10.2 相似但结果不同的定理.

定理 2.10.3 设 $f_2(z)\in S_2$. 则当 $|z|=r<1$ 时有

$$|f_2(z)|\leqslant r\left[\frac{1}{(1-r^2)^2}-\frac{r^{2n}(1-r^2)^{-1}}{r^2-|b_n|r^{2n}(1-r^2)}(|b_n|-1)\right]^{\frac{1}{2}},\quad n\geqslant 2, \tag{2.10.6}$$

等号成立限于$|b_n|=1$，$n=2,3,\cdots$.

证 因$|f_2(z)|\leqslant r\sum\limits_{k=1}^{\infty}|b_k|r^{2(k-1)}$，$b_1=1$，我们应用定理 2.2.1 时，取向量 $\boldsymbol{a}=(1,b_2r,|b_3|r^2,\cdots,|b_k|r^{k-1},\cdots)$，$\boldsymbol{b}=(1,r,r^2,\cdots,r^{k-1},\cdots)$，$c_n=1$，

$c_k=0, k\neq n$，可得

$$|f_2(z)|^2\leqslant\left(r+\sum_{k=1}^{\infty}|b_k|r^{k-1}\right)^2$$

$$\leqslant\frac{r}{1-r^2}\left(\sum_{k=1}^{\infty}|b_k|^2r^{2k-2}\right)$$

$$\cdot\left\{1-\frac{r^n}{r^2-|b_n|r^{2n}\left[(1-r^2)/\left(\sum_{k=1}^{\infty}|b_k|^2r^{2k-2}\right)\right]^{\frac{1}{2}}}\right.$$

$$\left.\cdot\left[\frac{|b_n|}{\left(\sum_{k=1}^{\infty}|b_k|^2r^{2k-2}\right)^{\frac{1}{2}}}-\sqrt{1-r^2}\right]^2\right\}. \tag{2.10.7}$$

由(2.10.3)式，有

$$|f_2(z)|^2\leqslant r^2\left\{\frac{1}{1-r^2}\sum_{k=1}^{\infty}|b_k|^2r^{2k-2}-\frac{r^{2n}}{r^2-|b_n|r^{2n}(1-r^2)}\right.$$

$$\left.\cdot\left[\frac{|b_n|}{\sqrt{1-r^2}}-\left(\sum_{k=1}^{\infty}|b_k|^2r^{2k-2}\right)^{\frac{1}{2}}\right]^2\right\}$$

$$=r^2\left\{\frac{1}{(1-r^2)^{\frac{1}{2}}}\left(\sum_{k=1}^{\infty}|b_k|^2r^{2k-2}\right)^{\frac{1}{2}}-\frac{r^n}{\left[r^2-|b_n|r^{2n}(1-r^2)\right]^{\frac{1}{2}}}\right.$$

$$\left.\cdot\left[\left(\sum_{k=1}^{\infty}|b_k|^2r^{2k-2}\right)^{\frac{1}{2}}-\frac{|b_n|}{(1-r^2)^{\frac{1}{2}}}\right]\right\}$$

$$\cdot\left\{\frac{1}{(1-r^2)^{\frac{1}{2}}}\left(\sum_{k=1}^{\infty}|b_k|^2r^{2k-2}\right)^{\frac{1}{2}}+\frac{r^n}{\left[r^2-|b_n|r^{2n}(1-r^2)\right]^{\frac{1}{2}}}\right.$$

$$\left.\cdot\left[\left(\sum_{k=1}^{\infty}|b_k|^2r^{2k-2}\right)^{\frac{1}{2}}-\frac{|b_n|}{(1-r^2)^{\frac{1}{2}}}\right]\right\}. \tag{2.10.8}$$

因 $n\geqslant 2$，$|b_n|<1.305$[胡4]，$x(1-x)\leqslant\frac{1}{4}$，$x\in(0,1)$，所以有

$$(1+|b_n|)r^2(1-r^2)<1. \tag{2.10.9}$$

而又

$$A(r)=\frac{1}{1-r^2}-\frac{r^{2n}}{r^2-|b_n|r^{2n}(1-r^2)}$$

$$\geqslant\frac{1}{1-r^2}-\frac{r^2}{1-|b_n|r^2(1-r^2)}$$

$$>0,\quad n\geqslant 2, \tag{2.10.10}$$

因此可将(2.10.3)代入(2.10.8)式，经过简单的计算，即可得出结论. □

此节我们用了 Baernstein 的结果(2.10.3)，读者可以把它视做一般解析函数条件，这不会影响阅读. 引用[胡 4]中的$|b_n|<1.305$结果，可把它当做假设条件来对待，这无碍于上述证明方法.

2.11 两个创建不等式的反向不等式及著名的 Aczel-Popoviciu-Vasic 不等式的改进[胡38]

为方便，记$(x^s,1)=\sum\limits_{k=1}^{n}x_k^s$. 先给出(2.1.1)的反向不等式. 记号亦如(2.1.1). 设$0<p<1$.

记$l=\dfrac{1}{p}$，因而

$$l>1,\quad p'=-pl'. \tag{2.11.1}$$

又记$u=(ab)^p$，$v=b^{-p}$，$b>0$，就有

$$ab=u^l,\quad a^p=uv,\quad b^{p'}=v^{l'}. \tag{2.11.2}$$

以a代(2.1.1)的A，以b代B，再在(2.1.1)式中以u,v替代它的A,B，d代替$\bar{e}$，便得

$$(a^p,1)\leqslant(a,b)^p(b^{p'},1)^{\frac{1}{l'}}\cdot\left[1-\left(\frac{(ab,e)(b^{p'},d)-(ab,d)(b^{p'},e)}{(a,b)(b^{p'},1)}\right)^2\right]^{\frac{1}{2}m\left(\frac{1}{l}\right)}. \tag{2.11.3}$$

再两边开$\dfrac{1}{p}$方，即有

定理 2.11.1

$$(a^p,1)^{\frac{1}{p}}(b^{p'},1)^{\frac{1}{p'}}\leqslant(a,b)\left[1-\left(\frac{(ab,e)(b^{p'},d)-(ab,d)(b^{p'},e)}{(a,b)(b^{p'},1)}\right)^2\right]^{\frac{1}{2p}m(p)}. \tag{2.11.4}$$

由(2.2.2)式，同样我们可得

定理 2.11.2

$$(a^p,1)^{\frac{1}{p}}(b^{p'},1)^{\frac{1}{p'}}\leqslant(a,b)\left[1-\frac{(s_l(u,c)-s_{l'}(v,c))^2}{1-s_l(u,c)s_{l'}(v,c)}\right]^{\frac{1}{p}m(p)}, \tag{2.11.5}$$

其中 $m(p)=\min\{p,1-p\}$.

现在我们要应用上述两个定理. 先介绍著名的 Aczel-Popoviciu-Vasic 不等式. 设 $a=\{a_1,a_2,\cdots,a_n\}$, $b=\{b_1,b_2,\cdots,b_n\}$ 为两组正数. 记 $A_1^p=a_1^p-\sum_{k=2}^n a_k^p>0$, $B_1^{p'}=b_1^{p'}-\sum_{k=2}^n b_k^{p'}>0$. 若 $p>1$, $\frac{1}{p}+\frac{1}{p'}=1$, 则有

$$A_1B_1\leqslant a_1b_1-\sum_{k=2}^n a_kb_k. \tag{2.11.6}$$

若 $0<p<1$, 则有反向不等式:

$$A_1B_1\geqslant a_1b_1-\sum_{k=2}^n a_kb_k. \tag{2.11.7}$$

(2.11.6) 式当 $p=2$ 时为 Aczel (1956) 所证, 一般 $p>1$ 时为 Popoviciu (1959) 所得, 当 $0<p<1$ 时, 1982 年 Vasic 给予不等式(2.11.7) 的证明.

本节旨在改进 Aczel-Popoviciu-Vasic 不等式, 有

定理 2.11.3　A_1,B_1 如上所设, 则我们有($p>1$)

$$\frac{A_1B_1+\sum_{k=2}^n a_kb_k}{a_1b_1}\leqslant\begin{cases}\left(1-\dfrac{a_i^pb_j^{p'}-a_j^pb_i^{p'}}{a_1^pb_1^{p'}}\right)^{\frac{1}{2}m\left(\frac{1}{p}\right)}, & (2.11.8)\\ \left\{1-\dfrac{\left[(a_i/a_1)^{\frac{p}{2}}-(b_i/b_1)^{\frac{p}{2}}\right]^2}{1-(a_i/a_1)^{\frac{p}{2}}(b_i/b_1)^{\frac{p}{2}}}\right\}^{m\left(\frac{1}{p}\right)}, & (2.11.9)\end{cases}$$

其中 $i\neq1$, $j\neq i$, $i,j\in N=\{2,3,\cdots,n\}$ 以及 $m\left(\frac{1}{p}\right)=\min\left\{\frac{1}{p},\frac{1}{p'}\right\}$.

(2.11.8), (2.11.9) 明显为(2.11.6) 的改进.

我们先证(2.11.8). A_1,B_1 如上所设, 在定理 2.1.1 中(注意此处 a 为 A, b 为 B, $\bar{e}_i$ 为 d_i), 取 $e_i=d_j=1$, $i\neq j$, $e_1=d_1=0$, $i,j\in N$; $e_k=0$, $k\in N$, 但 $k\neq i$; $d_k=0$, $k\in N$, 但 $k\neq j$. 现在以 a_1,b_1 分别代 A_1,B_1, 其他 a_k,b_k 不动, 由定理 2.1.1 便得(2.11.8) 式(注意 $A_1^p+\sum_{k=2}^n a_k^p=a_1^p$, $B_1^{p'}+\sum_{k=2}^n b_k^{p'}=b_1^{p'}$).

再看(2.11.9) 的证明. a,b,A_1,B_1 均如上所设. 在定理 2.2.2 中取 $c_1=0$; $c_i=1$, $i\in N$; $c_k=0$, $k\in N$, 但 $k\neq i$. 由定理 B 可得(2.11.9) 的证明.

定理 2.11.4　设 $0<p<1$, a,b,A_1,B_1 等均如上所设，则有 $(b_k>0,\ k=1,2,\cdots,n)$

$$\frac{a_1b_1}{A_1B_1+\sum_{k=2}^{n}a_kb_k}$$

$$\leqslant\begin{cases}\left[1-\left(\dfrac{a_ib_ib_j^{p'}-a_jb_jb_i^{p'}}{(a,b)b_1^{p'}}\right)^2\right]^{\frac{1}{2p}m(p)}, & (2.11.10)\\ \left\{1-\left[\dfrac{(a_ib_i)^{\frac{1}{2}}}{(a,b)^{\frac{1}{2}}}-\left(\dfrac{b_i^{p'}}{b_1^{p'}}\right)^{\frac{1}{2}}\right]^2\Big/\left[1-\left(\dfrac{a_ib_i}{(a,b)}\dfrac{b_i^{p'}}{b_1^{p'}}\right)^{\frac{1}{2}}\right]\right\}^{\frac{1}{p}m(p)}, & (2.11.11)\end{cases}$$

其中 $m(p)=\min\{p,1-p\}$, $(a,b)=A_1B_1+\sum_{k=2}^{n}a_kb_k$.

应用(2.11.4)，照(2.11.8)的证明取定 e_i,d_j，此为其一；其二应用(2.11.5)也可照(2.11.9)的证明取定 c_i，即可得定理的证明.

请注意：1987年Lupas证明了：

$$\big((a,1)^2-(a^2,1)\big)\big((b,1)^2-(b^2,1)\big)\geqslant\big((a,1)(b,1)-(a,b)\big)^2. \tag{2.11.12}$$

后来Janous指出Lukas的结果为(2.11.8)当 $p=2$ 时的自然结果. 在此顺便指出，不等式(2.11.12)也可推广到一般 $p>1$ 时成立. 我们注意一下Jensen不等式：a 为正数，则有

$$(a^s,1)^{\frac{1}{s}}<(a^r,1)^{\frac{1}{r}},\quad 0<r<s. \tag{2.11.13}$$

即有 $(a^p,1)^{\frac{1}{p}}<(a,1)$, $p>1$. 也即是说，可从(2.11.6)推出：

$$\big((a,1)^p-(a^p,1)\big)^{\frac{1}{p}}\big((b,1)^{p'}-(b^{p'},1)\big)^{\frac{1}{p'}}$$
$$\leqslant\big((a,1)(b,1)-(a,b)\big)^2. \tag{2.11.14}$$

自然也说明，我们可改进(2.11.6)，也可以改进(2.11.14).

在此请注意一下，1956年Bellman证明了如下性质：

设 $a_1,a_2,\cdots,a_n$ 及 $b_1,b_2,\cdots,b_n$ 为正数，又

$$a_1^p-a_2^p-\cdots-a_n^p>0,\quad b_1^p-b_2^p-\cdots-b_n^p>0,$$

若 $p>1$，则有

$$\left[(a_1^p - a_2^p - \cdots - a_n^p)^{\frac{1}{p}} + (b_1^p - b_2^p - \cdots - b_n^p)^{\frac{1}{p}}\right]^p$$
$$\leqslant (a_1 + b_1)^p - (a_2 + b_2)^p - \cdots - (a_n + b_n)^p. \quad (2.11.15)$$

我们是可以用改进了的 Minkowski 不等式(2.3.1) 来改进(2.11.15) 的. 在此就不再阐述了.

第 3 章

Hilbert, Hardy 型不等式及其各种类似不等式实质上的改进与推广

本章实为 Hardy 等的名著《不等式》的第九章“Hilbert 不等式及其类似情形和推广”中一些不等式实质上的改进与推广. 第九章是 Hardy 书中重要的一章，他收集了当时许多著名数学家有关不等式的结果，并说明了三个基础不等式产生的重要作用. 本章我们用创建的两个基础不等式来展开论述，这两个不等式也起到了重要作用.

3.1 Hilbert, Hardy 各类型不等式的介绍

设 $a_k, b_k\ (k=0,1,2,3)$，$p>0$ 和 λ 为任意实数，记 $\|x\|_p=\sum\limits_{k=0}^{n}|x_k|^p$，

当 $p=2$ 时，简记 $\|x\|=\sum\limits_{k=0}^{n}|x_k|^2$，

$$S_{i,\lambda}(a,b)=\sum_{r,s=0}^{n}\frac{a_r b_s}{(r+s+\lambda)^i},$$

$$T_{i,\lambda}(a,b)=\sum_{r,s=0,\ \lambda+r\neq s}^{n}\frac{a_r b_s}{(r-s+\lambda)^i}.$$

Hilbert 首先给出并证明了：

A 型 $$|S_{1,2}(a,b)|^2\leqslant \pi^2\|a\|\,\|b\|, \tag{3.1.1}$$

B 型 $$|T_{1,0}(a,b)|^2\leqslant 4\pi^2(\|a\|\,\|b\|)^2. \tag{3.1.2}$$

A. E. Ingham 后来给出并证明了更精美的结果：

$$|S_{1,\lambda}(a,b)|^2\leqslant M^2(\lambda)\|a\|\,\|b\|, \tag{3.1.3}$$

其中 $M(\lambda)=\dfrac{\pi}{\sin\lambda\pi}$，$0\leqslant\lambda\leqslant\dfrac{1}{2}$；$M(\lambda)=1$，$\dfrac{1}{2}<\lambda\leqslant 1$.

G. Polya,G. Szegö 证明了：

A′型 $S_{1,\lambda}(a,b)$

B′型 $T_{1,\lambda}(a,b)$

$$\left.\begin{matrix} S_{1,\lambda}(a,b) \\ T_{1,\lambda}(a,b) \end{matrix}\right\} \leqslant \begin{cases} \pi(\|a\|\ \|b\|)^{\frac{1}{2}}, & \lambda = 1,2,\cdots; \quad (3.1.4) \\ \dfrac{\pi(\|a\|\ \|b\|)^{\frac{1}{2}}}{|\sin\lambda\pi|}, & \lambda \neq 0, \pm 1, \cdots. \quad (3.1.5) \end{cases}$$

此后，G. A. Hardy 和 M. Riesz 将(3.1.1)型不等式推广为

C型
$$\sum_{m,n=1}^{N} \frac{a_m b_n}{m+n} \leqslant \frac{\pi}{\sin\dfrac{\pi}{p}} \|a\|_p^{1/p} \|b\|_q^{1/q}, \tag{3.1.6}$$

$$\int_0^\infty \int_0^\infty \frac{f(x)g(y)}{x+y} \mathrm{d}x\mathrm{d}y \leqslant \frac{\pi}{\sin\dfrac{\pi}{p}} \left(\int_0^\infty |f|^p \mathrm{d}x\right)^{\frac{1}{p}} \left(\int_0^\infty |g|^q \mathrm{d}y\right)^{\frac{1}{q}}, \tag{3.1.7}$$

其中 $p,q>1$，$\dfrac{1}{p}+\dfrac{1}{q}=1$.

(3.1.7) 中当 $p=2$ 时，由 Hilbert 首先证明.

接着 Hardy,Littlewood,Polya 将积分型(3.1.7) 的 $K(x,y)=\dfrac{1}{x+y}$ 推广为齐负一次型.

如何将上述有关不等式改善、求精、推广及应用是很有意义的. 本章将介绍这方面的研究成果. 可见各人从各种不同的观点方法出发，会得出各种各样优美的并有较好应用的结果. 本章显示了第2章所创建的两个不等式的作用.

3.2 Ingham 不等式的改进[胡15]

定理 3.2.1 如上所设，当 $0<\lambda<1$ 时，有

$$\lambda(\lambda\pi-\sin\lambda\pi)^{-1}\left|\sum_{k=0}^{n}\frac{a_k}{k+\lambda}\sin\lambda\pi-\pi a_0\right|^2+\sin\lambda\pi\, S_{1,\lambda}(a,\bar{a})\leqslant\pi\|a\|. \tag{3.2.1}$$

证 令 $f(x)=\sum\limits_{k=0}^{n}(-1)^k a_r \sin\left(k+\dfrac{\lambda}{2}\right)x$，由 Cauchy-Schwarz 不等式，有

$$\frac{1}{2}\left|\sum_{k=0}^{n}\frac{a_k}{k+\lambda}\sin\lambda\pi-\pi a_0\right|=\left|\int_0^\pi f(x)\sin\frac{\lambda}{2}x\,\mathrm{d}x\right|$$

$$\leqslant \left(\int_0^{\pi}\sin^2\frac{\lambda}{2}x\,\mathrm{d}x\right)^{\frac{1}{2}}\left(\int_0^{\pi}|f^2(x)|\,\mathrm{d}x\right)^{\frac{1}{2}}$$

$$=\frac{1}{2}\left(\pi-\frac{\sin\lambda\pi}{\lambda}\right)^{\frac{1}{2}}\left(\pi\sum_{k=0}^{n}|a_k|^2-\sin\lambda\pi\,S_{1,\lambda}(a,\bar{a})\right)^{\frac{1}{2}}. \quad (3.2.2)$$

(3.2.2) 即(3.2.1) 式. □

因

$$|S_{1,\lambda}(a,b)|^2=\left|\int_0^1\left(\sum_{k=0}^{n}a_kx^k\right)\left(\sum_{k=0}^{n}b_kx^k\right)x^{\lambda-1}\mathrm{d}x\right|^2$$

$$\leqslant\int_0^1\left|\sum_{k=0}^{n}a_kx^k\right|^2x^{\lambda-1}\mathrm{d}x\int_0^1\left|\sum_{k=0}^{n}b_kx^k\right|^2x^{\lambda-1}\mathrm{d}x$$

$$=S_{1,\lambda}(a,\bar{a})S_{1,\lambda}(b,\bar{b}), \quad (3.2.3)$$

所以又有

定理 3.2.2　如定理 3.2.1 所设，则有

$$\sin^2\lambda\pi\,|S_{1,\lambda}(a,b)|^2\leqslant\left[\pi\|a\|-\lambda(\lambda\pi-\sin\lambda\pi)^{-1}R^2(a)\right]$$

$$\cdot\left[\pi\|b\|-\lambda(\lambda\pi-\sin\lambda\pi)^{-1}R^2(b)\right], \quad (3.2.4)$$

其中 $R(x)=\left|\sum_{k=0}^{n}\frac{x_k}{k+\lambda}\sin\lambda\pi-\pi x_0\right|$.

3.3　Hilbert B 型不等式和 Ingham 不等式统一优美公式及其改进

在 3.2 节中我们将 Ingham 不等式作了改进. 此节我们将再进一步，并把 Hilbert B 型不等式并入同一公式中. 记号如 3.1 节，并简记

$$T_i(a,b)=\sum_{\substack{l,m=0\\ l\neq m}}^{n}\frac{a_1b_m}{(l-m)^i}.$$

定理 3.3.1[胡21]　如上所设，我们有

$$|T_1(a,b)|^2+\sin^2\lambda\pi\left|S_{1,\lambda}(a,b)\cot\lambda\pi-\frac{1}{\pi}S_{2,\lambda}(a,b)\right|^2$$

$$\leqslant\pi^2\Big[\left(\|a\|\,\|b\|-\pi^{-2}\sin^2\lambda\pi\,S_{1,\lambda}(a,\bar{a})S_{1,\lambda}(b,\bar{b})\right)^2$$

$$-\left(\frac{2}{\pi^2}\right)^2\left(w_\lambda(a,b)+w_\lambda(b,a)\right)^2\Big]^{\frac{1}{2}}, \quad (3.3.1)$$

其中

$$w_{\lambda}(a,b)=\sin\lambda\pi\Big[\,\|b\|\Big(\frac{\pi}{3}S_{1,\lambda}(a,\bar{a})+\cot\lambda\pi\ S_{2,\lambda}(a,\bar{a})$$

$$-\pi^{-2}S_{3,\lambda}(a,\bar{a})\Big)-\pi^{-1}S_{1,\lambda}(b,\bar{b})T_{2}(a,\bar{a})\Big].$$

由(3.2.3)式，我们有

定理 3.3.2　如定理 3.3.1 所设，则

$$|S_{1,\lambda}(a,b)|^{2}+\left|\frac{T_{1}(a,b)}{\sin\lambda\pi}\right|^{2}+\left|S_{1,\lambda}(a,b)\cot\lambda\pi-\frac{1}{\pi}S_{2,\lambda}(a,b)\right|^{2}$$

$$\leqslant\frac{\pi^{2}}{\sin^{2}\lambda\pi}(\,\|a\|\,\|b\|\,).\tag{3.3.2}$$

又注意到 $w_{1}(a,b)=-\|b\|S_{2,1}(a,\bar{a})$ 和 $w_{1}(b,a)=-\|a\|S_{2,1}(b,\bar{b})$，所以我们有

定理 3.3.3[胡22]

$$\big(|T_{1}(a,b)|^{2}+|S_{1,1}(a,b)|^{2}\big)^{2}+\left(\frac{4}{\pi}\right)^{2}\big(S_{2,1}(a,\bar{a})\,\|b\|$$

$$+S_{2,1}(b,\bar{b})\,\|a\|\,\big)^{2}\leqslant\pi^{4}(\,\|a\|\,\|b\|\,)^{2}.\tag{3.3.3}$$

定理 3.3.1 的证明　令

$$\left.\begin{aligned}f_{1,a}(t)&=\sum_{r=0}^{n}(-1)^{r}a_{r}\cos\left(r+\frac{\lambda}{2}\right)t,\\ f_{2,b}(t)&=\sum_{s=0}^{n}(-1)^{s}b_{s}\sin\left(s+\frac{\lambda}{2}\right)t,\end{aligned}\right\}\tag{3.3.4}$$

$$\left.\begin{aligned}I_{i,x}&=\int_{-\pi}^{\pi}|f_{i,x}(t)|^{2}\mathrm{d}t,\\ J_{i,x}&=\frac{1}{\pi^{2}}\int_{-\pi}^{\pi}t^{2}|f_{i,x}(t)|^{2}\mathrm{d}t,\end{aligned}\right\}\tag{3.3.5}$$

$$A(a,b)=J_{1,a}I_{2,b}-I_{1,a}J_{2,b}.\tag{3.3.6}$$

通过简单计算，可得

$$I(a,b)=\left|T_{1}(a,b)+\cos\lambda\pi\ S_{1,\lambda}(a,b)-\frac{1}{\pi}\sin\lambda\pi\ S_{2,\lambda}(a,b)\right|$$

$$=\frac{1}{\pi}\left|\int_{-\pi}^{\pi}tf_{1,a}(t)f_{2,b}(t)\mathrm{d}t\right|$$

$$\leqslant \int_{-\pi}^{\pi} |f_{1,a}(t) f_{2,b}(t)| \mathrm{d}t, \tag{3.3.7}$$

$$\left.\begin{aligned} I_{1,x} &= \pi \| x \| + \sin\lambda\pi\ S_{1,\lambda}(x,\bar{x}), \\ I_{2,x} &= \pi \| x \| - \sin\lambda\pi\ S_{1,\lambda}(x,\bar{x}), \end{aligned}\right\} \tag{3.3.8}$$

$$J_{1,x} + J_{2,x} = \frac{2\pi}{3} \| x \| + \frac{4}{\pi} T_2(x,\bar{x}), \tag{3.3.9}$$

$$\begin{aligned} J_{1,x} - J_{2,x} = {} & 2\sin\lambda\pi\ S_{1,\lambda}(x,\bar{x}) + \frac{4}{\pi}\cos\lambda\pi\ S_{2,\lambda}(x,\bar{x}) \\ & - \frac{4}{\pi^2}\sin\lambda\pi\ S_{3,\lambda}(x,\bar{x}), \end{aligned} \tag{3.3.10}$$

$$I_{1,a} I_{2,b} + I_{1,b} I_{2,a} = 2\left(\pi^2 \| a \| \| b \| - \sin^2\lambda\pi\ S_{1,\lambda}(a,\bar{a}) S_{1,\lambda}(b,\bar{b})\right), \tag{3.3.11}$$

$$|A(a,b) + A(b,a)| = 4 |w_\lambda(a,b) + w_\lambda(b,a)|. \tag{3.3.12}$$

现在我们来证明定理 3.3.1. 取 $\tilde{e}(t) \equiv 1$, $e(t) = \frac{t^2}{\pi^2}$, 应用不等式(2.1.5) 于 (3.3.7) 式, 有

$$\begin{aligned} I^2(a,b) &\leqslant \left(\int_{-\pi}^{\pi} |f_{1,a} \cdot f_{2,b}| \mathrm{d}t\right)^2 \\ &\leqslant \left[\left(\int_{-\pi}^{\pi} |f_{1,a}|^2 \mathrm{d}t \int_{-\pi}^{\pi} |f_{2,b}|^2 \mathrm{d}t\right)^2 \right. \\ &\quad - \frac{1}{\pi^4}\left(\int_{-\pi}^{\pi} t^2 |f_{1,a}|^2 \mathrm{d}t \int_{-\pi}^{\pi} |f_{1,a}|^2 \mathrm{d}t \right. \\ &\quad \left.\left. - \int_{-\pi}^{\pi} |f_{1,a}|^2 \mathrm{d}t \int_{-\pi}^{\pi} t^2 |f_{2,b}|^2 \mathrm{d}t\right)^2\right]^{\frac{1}{2}} \\ &= \left[(I_{1,a} I_{2,b})^2 - (J_{1,a} I_{2,b} - I_{1,a} J_{2,b})^2\right]^{\frac{1}{2}} \end{aligned} \tag{3.3.13}$$

和

$$I^2(b,a) \leqslant \left[(I_{1,b} I_{2,a})^2 - (J_{1,b} I_{2,a} - I_{1,b} J_{2,a})^2\right]^{\frac{1}{2}}. \tag{3.3.14}$$

当 $A_\pm, B_\pm \geqslant 0$ 时, 易见

$$(A_+ A_-)^{\frac{1}{2}} + (B_+ B_-)^{\frac{1}{2}} \leqslant (A_+ + B_+)^{\frac{1}{2}} (A_- + B_-)^{\frac{1}{2}}. \tag{3.3.15}$$

所以再由(3.3.11),(3.3.12),(3.3.13) 和(3.3.14) 就得到

$$\begin{aligned} I^2(a,b) + I^2(b,a) \leqslant \big[& (I_{1,a} I_{2,b} + I_{1,b} I_{2,a})^2 - (J_{1,a} I_{2,b} - J_{2,a} I_{1,b} \\ & + J_{1,b} I_{2,a} - J_{2,b} I_{1,a})^2 \big]^{\frac{1}{2}} \end{aligned}$$

$$\leqslant 2\left[(\pi^2 \|a\| \|b\| - \sin^2\lambda\pi\, S_{1,\lambda}(a,\bar{a})\, S_{1,\lambda}(b,\bar{b}))^2 - 4^2(w_\lambda(a,b)+w_\lambda(b,a))^2\right]^{\frac{1}{2}}. \tag{3.3.16}$$

又因

$$\left.\begin{aligned} T_1(a,b) &= -T_1(b,a), \\ S_{i,\lambda}(a,b) &= S_{i,\lambda}(b,a), \\ T_2(a,b) &= T_2(b,a), \end{aligned}\right\} \tag{3.3.17}$$

所以

$$I^2(a,b)+I^2(b,a) = 2\left(|T_1(a,b)|^2 + \left|\cot\lambda\pi\, S_{1,\lambda}(a,b) - \frac{1}{\pi}S_{2,\lambda}(a,b)\right|^2\right)\sin^2\lambda\pi. \tag{3.3.18}$$

定理 3.3.3 即可由(3.3.16) 和(3.3.18) 得出. □

3.4　特殊情形下 Ingham 不等式的精细改进[胡23]

当$\lambda=\frac{1}{2}$时，定理3.3.1导出的改进的Ingham不等式表示式较复杂，而在定理3.3.2中又显得略粗糙一点. 本节将阐述当$\lambda=\frac{1}{2}$时另一种较精密的Ingham 改进不等式.

定理3.4.1　记号同 3.1 节所设. 再记 $\|\tilde{x}\| = \sum_{k=0}^{n} \frac{|x_k|^2}{k+1}$，简记 $S_i(a,b) = S_{i,\frac{1}{2}}(a,b)$. 则

$$|S_1(a,b)|^2 + |T_1(a,b)|^2 \leqslant \pi^2\left[\left(\|a\|\,\|b\| - \frac{1}{\pi^4}S_2(a,\bar{a})S_2(b,\bar{b})\right)^2 - \frac{1}{\pi^8}\left(\|\tilde{a}\|\,S_2(b,\bar{b}) + \|\tilde{b}\|\,S_2(a,\bar{a})\right)^2\right]^{\frac{1}{2}}. \tag{3.4.1}$$

证　令

$$f_1(a,t) = \sum_{k=0}^{n} a_k \cos\left(k+\frac{1}{4}\right)t,$$

$$f_2(b,t)=\sum_{k=0}^{n}b_k\sin\left(k+\frac{1}{4}\right)t.$$

通过简单的计算，易知

$$|S_1(a,b)+T_1(a,b)|=\frac{1}{\pi}\left|\int_0^{2\pi}tf_1(a,t)f_2(b,t)\mathrm{d}t\right|$$
$$\leqslant\frac{1}{\pi}\int_0^{2\pi}t|f_1(a,t)||f_2(b,t)|\mathrm{d}t. \quad (3.4.2)$$

设 $\tilde{e}(t)\equiv 1$, $e(t)=\frac{t}{2\pi}$, 应用不等式(2.1.5) 的最后一式，便得

$$|S_1(a,b)+T_1(a,b)|^2\leqslant\frac{1}{\pi^2}(A_1^2-B_1^2)^{\frac{1}{2}}, \quad (3.4.3)$$

$$A_1=\int_0^{2\pi}t|f_1(a,t)|^2\mathrm{d}t\int_0^{2\pi}t|f_2(b,t)|^2\mathrm{d}t, \quad (3.4.4)$$

$$B_1=\frac{1}{2\pi}\int_0^{2\pi}t^2|f_1(a,t)|^2\mathrm{d}t\int_0^{2\pi}t|f_2(b,t)|^2\mathrm{d}t$$
$$-\frac{1}{2\pi}\int_0^{2\pi}t|f_1(a,t)|^2\mathrm{d}t\int_0^{2\pi}t^2|f_2(b,t)|^2\mathrm{d}t. \quad (3.4.5)$$

由于 $S_i(a,b)=S_i(b,a)$ 和 $T_1(a,b)=-T_1(b,a)$, 将(3.4.3) 中 a 与 b 对调，我们有

$$|S_1(a,b)-T_1(a,b)|^2\leqslant\frac{1}{\pi^2}(A_2^2-B_2^2)^{\frac{1}{2}}, \quad (3.4.6)$$

$$A_2=\int_0^{2\pi}t|f_1(b,t)|^2\mathrm{d}t\int_0^{2\pi}t|f_2(a,t)|^2\mathrm{d}t, \quad (3.4.7)$$

$$B_2=\frac{1}{2\pi}\int_0^{2\pi}t^2|f_1(b,t)|^2\mathrm{d}t\int_0^{2\pi}t|f_2(a,t)|^2\mathrm{d}t$$
$$-\frac{1}{2\pi}\int_0^{2\pi}t|f_1(b,t)|^2\mathrm{d}t\int_0^{2\pi}t^2|f_2(a,t)|^2\mathrm{d}t. \quad (3.4.8)$$

由(3.3.15) 式，有

$$|S_1(a,b)|^2+|T_1(a,b)|^2$$
$$\leqslant\frac{1}{2\pi^2}\left[(A_1^2-B_1^2)^{\frac{1}{2}}+(A_2^2-B_2^2)^{\frac{1}{2}}\right]$$
$$\leqslant\frac{1}{2\pi^2}\left[(A_1+A_2)^2-(B_1+B_2)^2\right]^{\frac{1}{2}}. \quad (3.4.9)$$

再注意，

$$\int_0^{2\pi}t|f_1(x,t)|^2\mathrm{d}t=\sum_{r,s=0}^{n}x_r\bar{x}_s\int_0^{2\pi}t\cos\left(r+\frac{1}{4}\right)t\cos\left(s+\frac{1}{4}\right)t\,\mathrm{d}t$$

$$= \pi^2 \| x \| - S_2(x, \bar{x}), \tag{3.4.10}$$

$$\int_0^{2\pi} t |f_2(x,t)|^2 \mathrm{d}t = \pi^2 \| x \| + S_2(x, \bar{x}), \tag{3.4.11}$$

$$\int_0^{2\pi} t^2 |f_1(x,t)|^2 \mathrm{d}t = \frac{4\pi^3}{3} \| x \| + 2\pi T_2(x, \bar{x}) - 2\pi S_2(x, \bar{x}), \tag{3.4.12}$$

$$\int_0^{2\pi} t^2 |f_2(x,t)|^2 \mathrm{d}t = \frac{4\pi^3}{3} \| x \| + 2\pi T_2(x, \bar{x}) + 2\pi S_2(x, \bar{x}). \tag{3.4.13}$$

通过一些简单的计算，得

$$A_1 + A_2 = 2\pi^4 \| a \| \| b \| - 2S_2(a, \bar{a}) S_2(b, \bar{b}). \tag{3.4.14}$$

$$\begin{aligned} B_1 + B_2 = 2\Big[& \frac{\pi^2}{3} \big(\| a \| S_2(b, \bar{b}) + \| b \| S_2(a, \bar{a}) \big) \\ & - T_2(a, \bar{a}) S_2(b, \bar{b}) - T_2(b, \bar{b}) S_2(a, \bar{a}) \Big]. \end{aligned} \tag{3.4.15}$$

又因

$$\begin{aligned} \sum_{\substack{l,m=0 \\ l \neq m}}^{n} \frac{x_l \overline{x_m}}{(l-m)^2} &\leqslant \frac{1}{2} \sum_{l \neq m} \frac{|x_l|^2 + |x_m|^2}{(l-m)^2} = \sum_{l \neq m} \frac{|x_l|^2}{(l-m)^2} \\ &= \sum_{l=0}^{n} |x_l|^2 \Big(\sum_{k=1}^{n-1} \frac{1}{k^2} + \sum_{k=1}^{l} \frac{1}{k^2} \Big) \\ &\leqslant \sum_{l=0}^{n} |x_l|^2 \Big(2 \sum_{k=1}^{\infty} \frac{1}{k^2} - \frac{1}{l+1} \Big) \\ &= \frac{\pi^2}{3} \| x \| - \| \tilde{x} \|, \end{aligned} \tag{3.4.16}$$

所以

$$B_1 + B_2 \geqslant 2(\| \bar{a} \| S_2(b, \bar{b}) + \| \bar{b} \|) S_2(a, \bar{a}). \tag{3.4.17}$$

(3.4.9),(3.4.14),(3.4.15) 和(3.4.17) 结合即得(3.4.1) 式.　□

3.5 Hardy-Littlewood 之一不等式的改进[胡21]

设 $f(x) \in L^2(0,1)$，

$$a_k = \int_0^1 x^k f(x) \mathrm{d}x, \quad k = 1, 2, 3, \cdots.$$

Hardy, Littlewood 证明了：

$$\sum_{k=0}^{n} |a_k|^2 \leqslant \pi \int_0^1 |f(x)|^2 \mathrm{d}x. \tag{3.5.1}$$

本节利用改进的 Ingham 不等式改进(3.5.1) 式.

定理3.5.1 设 $f \in L^2(0,1)$, $a_k = \int_0^1 x^k f(x)\mathrm{d}x$, $k = 0,1,2,\cdots$, 则有

$$\|a\| \leqslant \pi\left[1-\left(|T_1(a,\bar{a})|^2 + \frac{\sin^2\lambda\pi\, B^2(a,\bar{a})}{\pi^2\|a\|^2}\right)\right]^{\frac{1}{2}}$$

$$\cdot \frac{\pi}{\sin\lambda\pi}\int_0^1 |f(t)|^2 t^{1-\lambda}\mathrm{d}t, \tag{3.5.2}$$

其中 $B(a,\bar{a}) = S_{1,\lambda}(a,\bar{a})\cot\lambda\pi - S_{2,\lambda}(a,\bar{a})$, $0 < \lambda \leqslant 1$.

证 由假设

$$|a_k| = \left|\int_0^1 x^k f(x)\mathrm{d}x\right| \leqslant \int_0^1 x^k |f(x)|\mathrm{d}x, \quad k = 0,1,2,\cdots,$$

所以由 Cauchy 不等式,

$$\begin{aligned}\sum_{k=0}^n |a_k|^2 &\leqslant \sum_{k=0}^n \int_0^1 |a_k| x^k |f(x)|\mathrm{d}x \\ &= \int_0^1 \sum_{k=0}^n |a_k| x^{k-\frac{1}{2}+\frac{\lambda}{2}} x^{\frac{1}{2}-\frac{\lambda}{2}} |f(x)|\mathrm{d}x \\ &\leqslant \left[\int_0^1 \left(\sum_{k=0}^n |a_k| x^{k-\frac{1}{2}+\frac{\lambda}{2}}\right)^2 \mathrm{d}x\right]^{\frac{1}{2}} \left(\int_0^1 x^{1-\lambda}|f(x)|^2\mathrm{d}x\right)^{\frac{1}{2}} \\ &= \left(\sum_{k,j=0}^n \frac{|a_k a_j|}{k+j+\lambda}\right)^{\frac{1}{2}} \left(\int_0^1 x^{1-\lambda}|f(x)|^2\mathrm{d}x\right)^{\frac{1}{2}}. \end{aligned} \tag{3.5.3}$$

应用定理 3.3.2 于(3.5.3), 即可得出(3.5.2) 式. □

3.6 Polya, Szegö A′, B′ 两型平方模和的优美不等式[胡11],[胡24],[胡39]

本节的目的在于改进 3.1 节所述的 Polya, Szegö A′, B′ 两型不等式. 为方便起见, 我们简记

$$S_{1,\lambda}(a,b) = S_\lambda(a,b) = \sum_{r,s=0}^n \frac{a_r b_s}{r+s+\lambda},$$

$$T_\lambda(a,b) = \sum_{\substack{r,s=0 \\ \lambda+r\neq s}}^n \frac{a_r b_s}{r-s+\lambda},$$

$$N_1 = \{0, \pm 1, \pm 2, \cdots\}, \quad N_2 = \{-1, -2, \cdots\}.$$

定理3.6.1 $N_1, N_2, \|\cdot\|, S_\lambda(a,b), T_\lambda(a,b)$ 如前所述. 若 $\lambda \in N_1$, 则有

$$|S_\lambda(a,b)|^2+|T_\lambda(a,b)|^2$$
$$\leqslant \pi^2\|a\|\,\|b\|-\|a\|D_1^2(b)-\|b\|D_2^2(a), \qquad (3.6.1)$$

其中 $\lambda\in N_1-N_2$,

$$D_1(b)=\left|\sum_{k=1}^{n}\frac{1}{k}b_k\right|,\quad D_2(a)=\left|\sum_{\substack{k=1\\k+\lambda\neq 0}}^{n}\frac{a_k}{k+\lambda}\right|.$$

可见上式明显包含 Polya-Szegö 不等式的改进.

定理 3.6.2 $N_1, S_\lambda(a,b), T_\lambda(a,b)$ 如前所述. 若实数 $\lambda\notin N_1$, 则有

$$|S_\lambda(a,b)|^2+|T_\lambda(a,b)|^2\leqslant\frac{\pi^2}{\sin^2\lambda\pi}\|a\|\,\|b\|-\|b\|D_3(a), \qquad (3.6.2)$$

其中

$$D_3(a)=\left|\sum_{k=1}^{n}\frac{a_k}{k+\lambda}\right|^2+2\left|\sum_{k=1}^{n}\frac{(n+1)a_k}{(n+1)^2-(k+\lambda)^2}\right|^2.$$

上式为[胡 11] 中结果的改进.

由定理 2.2.2, 记

$$(f,g)=\int_0^\pi f(x)\,\overline{g(x)}\,\mathrm{d}x,$$
$$\int_0^\pi|c(x)|^2\mathrm{d}x=1.$$

若$(g,c)=0$, 则有

$$|(f,g)|^2\leqslant\|f\|\,\|g\|-|(f,c)|^2\|g\|. \qquad (3.6.3)$$

定理 3.6.1 的证明 作函数

$$f_1(x)=\sum_{k=1}^{n}(-1)^{k+1}a_k\sin(k+\lambda)x,$$

$$g_1(x)=\sum_{k=1}^{n}(-1)^{k+1}a_k\cos(k+\lambda)x,$$

$$f_2(x)=\sum_{k=1}^{n}(-1)^{k+1}b_k\sin kx,$$

$$g_2(x)=\sum_{k=1}^{n}(-1)^{k+1}b_k\cos kx.$$

易知

$$\left.\begin{aligned}&\left|\int_0^{\pi}xf_1(x)\mathrm{d}x\right|=\pi\left|\sum_{\substack{k=1\\k\neq-\lambda}}^{n}\frac{1}{k+\lambda}a_k\right|,\quad \lambda\in N_1,\\&\left|\int_0^{\pi}xf_2(x)\mathrm{d}x\right|=\pi\left|\sum_{k=1}^{n}\frac{1}{k}b_k\right|,\end{aligned}\right\}\tag{3.6.4}$$

$$\int_0^{\pi}|f_2(x)|^2\mathrm{d}x=\int_0^{\pi}|g_2(x)|^2\mathrm{d}x=\frac{\pi}{2}\|b\|,\tag{3.6.5}$$

$$\int_0^{\pi}g_2(x)\mathrm{d}x=0,\quad\int_0^{\pi}g_1(x)\mathrm{d}x=0,\quad\lambda\in N_1-N_2,\tag{3.6.6}$$

$$\left.\begin{aligned}&\int_0^{\pi}|f_1(x)|^2\mathrm{d}x+\int_0^{\pi}|g_1(x)|^2\mathrm{d}x=\pi\|a\|,\\&\int_0^{\pi}|g_1(x)|^2\mathrm{d}x=\frac{\pi}{2}\|a\|,\quad\lambda\in N_1-N_2,\end{aligned}\right\}\tag{3.6.7}$$

$$I_1=\pi^2|S_\lambda(a,b)+T_\lambda(a,b)|^2=4\left|\int_0^{\pi}xf_1(x)g_2(x)\mathrm{d}x\right|^2,\tag{3.6.8}$$

$$I_2=\pi^2|S_\lambda(a,b)-T_\lambda(a,b)|^2=4\left|\int_0^{\pi}xg_1(x)f_2(x)\mathrm{d}x\right|^2.\tag{3.6.9}$$

现取 $c(x)=\dfrac{1}{\sqrt{\pi}}$，再分别以 $f=xf_1$，$g=g_2$ 和 $f=xf_2$，$g=g_1$ 代入(3.6.3)，当 $0<x\leqslant\pi$ 时，得

$$I_1\leqslant4\left(\pi^2\int_0^{\pi}|f_1(x)|^2\mathrm{d}x\int_0^{\pi}|g_2(x)|^2\mathrm{d}x-\frac{1}{\pi}\left|\int_0^{\pi}xf_1(x)\mathrm{d}x\right|^2\int_0^{\pi}|g_2(x)|^2\mathrm{d}x\right).\tag{3.6.10}$$

当 $\lambda\in N_1-N_2$ 时，同样有

$$I_2\leqslant4\left(\pi^2\int_0^{\pi}|f_2(x)|^2\mathrm{d}x\int_0^{\pi}|g_1(x)|^2\mathrm{d}x-\frac{1}{\pi}\left|\int_0^{\pi}xf_2(x)\mathrm{d}x\right|^2\int_0^{\pi}|g_1(x)|^2\mathrm{d}x\right).\tag{3.6.11}$$

□

注意，当 $\lambda\in N_2$ 时，我们不用(3.6.3)而直接用 Hölder 不等式，可取 $D_1(b)=0$，即视 $D_1(b)$ 为零，将(3.6.10)和(3.6.11)相加，再把(3.6.4)，(3.6.5)，(3.6.6)和(3.6.7)代入，即得定理 3.6.1 的证明.

定理 3.6.2 的证明 注意到(3.6.6)中前一式

$$\int_0^{\pi}g_2(x)\mathrm{d}x=0$$

及

$$\int_0^{\pi}\sin(n+1)x\, f_2(x)\mathrm{d}x=0, \tag{3.6.12}$$

取 $c_1(x)=\sqrt{\frac{2}{\pi}}\sin(n+1)x$，$c_2(x)=\frac{1}{\sqrt{\pi}}$. 因

$$\begin{aligned} J_1 &= \sin^2\lambda\pi\,|S_\lambda(a,b)+T_\lambda(a,b)|^2 \\ &= 4\left|\int_0^{\pi}f_1(x)f_2(x)\mathrm{d}x\right|^2, \end{aligned} \tag{3.6.13}$$

$$\begin{aligned} J_2 &= \sin^2\lambda\pi\,|S_\lambda(a,b)-T_\lambda(a,b)|^2 \\ &= 4\left|\int_0^{\pi}g_1(x)g_2(x)\mathrm{d}x\right|^2, \end{aligned} \tag{3.6.14}$$

同样用证明定理 3.6.1 的方法，分别用 $f=f_1$，g_1，$g=f_2$，g_2 和 $c(x)=c_1(x)$，$c_2(x)$ 代入(3.6.1)，可得

$$\begin{aligned} J_1 \leqslant 4\Big(&\int_0^{\pi}|f_1(x)|^2\mathrm{d}x\int_0^{\pi}|f_2(x)|^2\mathrm{d}x \\ &-\left|\int_0^{\pi}c_1(x)f_1(x)\mathrm{d}x\right|^2\int_0^{\pi}|f_2(x)|^2\mathrm{d}x\Big), \end{aligned} \tag{3.6.15}$$

$$\begin{aligned} J_2 \leqslant 4\Big(&\int_0^{\pi}|g_1(x)|^2\mathrm{d}x\int_0^{\pi}|g_2(x)|^2\mathrm{d}x \\ &-\left|\int_0^{\pi}c_2(x)g_1(x)\mathrm{d}x\right|^2\int_0^{\pi}|g_2(x)|^2\mathrm{d}x\Big). \end{aligned} \tag{3.6.16}$$

又因

$$\sqrt{\frac{2}{\pi}}\left|\int_0^{\pi}\sin(n+1)x\, f_1(x)\mathrm{d}x\right|=\sqrt{\frac{2}{\pi}}\left|\sin\lambda\pi\sum_{k=1}^{n}\frac{(n+1)a_k}{(n+1)^2-(k+\lambda)^2}\right|, \tag{3.6.17}$$

$$\sqrt{\frac{1}{\pi}}\left|\int_0^{\pi}g_1(x)\mathrm{d}x\right|=\left|\frac{\sin\lambda\pi}{\sqrt{\pi}}\right|\left|\sum_{k=1}^{n}\frac{a_k}{k+\lambda}\right|, \tag{3.6.18}$$

将(3.6.15)和(3.6.16)两式相加，分别以(3.6.5)，(3.6.7)和(3.6.17)，(3.6.18)代入，即得定理 3.6.2 的证明. □

3.7 两类特殊 Hilbert A,B 型不等式的估计[胡26]

本节将介绍两类 Hilbert A,B 型精密估计，此种估计对 H_p 函数理论 Fejer-Riesz 不等式的改进起着重要的作用，在 3.18 节中有详细的论述.

定理3.7.1 a,b 如前面所设，记

$$T(a,b)=\sum_{\substack{r,s=0\\ r\neq s}}^{n} a_r b_s \frac{1-(-1)^{r+s}}{r-s},$$

$$S(a,b)=\sum_{r,s=0}^{n} a_r b_s \frac{1+(-1)^{r+s}}{r+s+1}.$$

则有

$$|T(a,b)|^2+|S(a,b)|^2 \leqslant \left[\pi^4 \|a\|^2 \|b\|^2 - 2^2\left(\|b\| S_{2,1}(a,\bar{a}) + \|a\| S_{2,1}(b,\bar{b})\right)^2\right]^{\frac{1}{2}}. \tag{3.7.1}$$

证 取

$$f_{1,a}(t)=\sum_{r=0}^{n}(-1)^r a_r \cos\left(r+\frac{1}{2}\right)t,$$

$$f_{2,b}(t)=\sum_{s=0}^{n}(-1)^s b_s \sin\left(s+\frac{1}{2}\right)t.$$

通过简单的计算，有

$$\begin{aligned}|T(a,b)-S(a,b)|^2 &= \left|2\int_0^{\pi} f_{1,a}(t) f_{2,b}(t)\,\mathrm{d}t\right|^2 \\ &\leqslant \left(\int_{-\pi}^{\pi} |f_{1,a}(t)|\,|f_{2,b}(t)|\,\mathrm{d}t\right)^2 \\ &= V(a,b),\end{aligned} \tag{3.7.2}$$

$$\begin{aligned}|S(a,b)+T(a,b)|^2 &= \left|2\int_0^{\pi} f_{1,b}(t) f_{2,a}(t)\,\mathrm{d}t\right|^2 \\ &\leqslant \left(\int_{-\pi}^{\pi} |f_{1,b}(t)|\,|f_{2,a}(t)|\,\mathrm{d}t\right)^2 \\ &= V(b,a),\end{aligned} \tag{3.7.3}$$

$$I_{i,x}=\int_{-\pi}^{\pi} |f_{i,x}(t)|^2\,\mathrm{d}t = \pi\|x\|, \tag{3.7.4}$$

$$\begin{aligned}J_{i,x} &= \frac{1}{\pi^2}\int_{-\pi}^{\pi} t^2 |f_{i,x}(t)|^2\,\mathrm{d}t \\ &= \frac{\pi}{3}\|x\| + \frac{2}{\pi}\sum_{\substack{r,s=0\\ r\neq s}}^{n} \frac{x_r \overline{x_s}}{(r-s)^2} \\ &\quad - \frac{2}{\pi}(-1)^i S_{2,1}(x,x), \quad i=1,2.\end{aligned} \tag{3.7.5}$$

在定理2.1.2中取$F(t)=f_{1,a}(t)$，$G(t)=f_{2,b}(t)$，$e(t)=\left(\frac{t}{\pi}\right)^2$，$\tilde{e}(x)\equiv 1$，

则有

$$V^2(a,b) \leqslant \{(I_{1,a}I_{2,b})^2 - (J_{1,a}I_{2,b} - I_{1,a}J_{2,b})^2\}^{\frac{1}{2}}, \quad (3.7.6)$$

$$V^2(b,a) \leqslant |(I_{1,b}I_{2,a})^2 - (J_{1,b}I_{2,a} - I_{1,b}J_{2,a})^2|^{\frac{1}{2}}. \quad (3.7.7)$$

由(3.3.15)式,

$$(A_+A_-)^{\frac{1}{2}} + (B_+B_-)^{\frac{1}{2}} \leqslant (A_+ + B_+)^{\frac{1}{2}}(A_- + B_-)^{\frac{1}{2}}. \quad (3.7.8)$$

因而

$$V^2(a,b) + V^2(b,a) \leqslant [(I_{1,a}I_{2,b} + I_{1,b}I_{2,a})^2 - (J_{1,a}I_{2,b} - J_{2,a}I_{1,b} + J_{1,b}I_{2,a} - J_{2,b}I_{1,a})^2]^{\frac{1}{2}}. \quad (3.7.9)$$

$$2(|T(a,b)|^2 + |S(a,b)|^2) \leqslant V^2(a,b) + V^2(b,a). \quad (3.7.10)$$

将(3.7.4),(3.7.5)代入(3.7.9)式,再将(3.7.9)代入(3.7.10)即得所求.

□

3.8 Hilbert C型不等式的估计——徐利治问题

1991年徐利治在研究对Hilbert C型不等式的估计时,首次把注意力集中在权系数

$$\omega_r(n) = \sum_{m=1}^{\infty} \frac{1}{m+n}\left(\frac{n}{m}\right)^{\frac{1}{r}} = \frac{\pi}{\sin(\pi/p)} - \frac{\theta_r(n)}{n^{1-\frac{1}{r}}}, \quad r = p, q > 1 \quad (3.8.1)$$

的估计上,即考虑把(3.8.1)的"="改为"$\leqslant$"时,如何求$\{\theta_r(n): n \in \mathbf{N}\}$的最小值$\theta_r$及$\{\theta_r: r > 1\}$的下确界问题,并首先证明了

$$\theta_2 = 1.1213^{+}\text{[H1]}; \quad \theta_r = (r-1)\frac{n}{n+1}, r \neq 2\text{[H1]}.$$

徐利治公开提出了:θ_r的最佳值是什么?此后,杨必成、高明哲解决了此问题[Y1],并发表了一系列有关Hilbert型不等式的优秀文章.

定理3.8.1 设$0 < \sum_{n=1}^{\infty} a_n^p < \infty$, $0 < \sum_{n=1}^{\infty} b_n^q < \infty$, $p > 1$, $p \neq 2$, $\frac{1}{p} + \frac{1}{q} = 1$. 则

$$\sum_{m,n=1}^{\infty}\frac{a_m b_n}{m+n}\leqslant\left[\sum_{n=1}^{\infty}\left(\frac{\pi}{\sin\frac{\pi}{p}}-\theta_p n^{-\frac{1}{p}}\right)a_n^p\right]^{\frac{1}{p}}\left[\sum_{n=1}^{\infty}\left(\frac{\pi}{\sin\frac{\pi}{p}}-\theta_q n^{-\frac{1}{q}}\right)b_n^q\right]^{\frac{1}{q}},\tag{3.8.2}$$

其中 $\theta_p=\theta_q=1-\gamma$，$\gamma$ 为 Euler 常数.

证 分两步，当 $p\neq 2$ 时，首先证明 $\theta_p(n)$ 为 n 的单调上升函数，然后证明 $\theta_p(1)$ 为 p 的减函数.

第一步 注意到下面改进的 Euler-Macraurin 求和公式：

设 $f'(x)$ 在 $[k,\infty)$ 内可导，且 $f(\infty)=0$. 则

$$\sum_{m=k}^{\infty}f(m)=\int_k^{\infty}f(t)\mathrm{d}t+\frac{1}{2}f(k)+\int_k^{\infty}\rho_1(t)f'(t)\mathrm{d}t,\tag{3.8.3}$$

这里，$\rho_1(t)=t-[t]-\dfrac{1}{2}$，$k$ 为正整数. 设

$$f(t)=\frac{1}{t+n}\left(\frac{1}{t}\right)^{\frac{1}{r}},\quad t\in(0,\infty),\ r>1,\ n\in\mathbf{N}.$$

由(3.8.3)，取 $k=1$，代入(3.8.1)得

$$\theta_r(n)=A(n)+B(n)-\frac{n}{2(n+1)}.$$

这里，定义函数

$$A(x)=x^{1-\frac{1}{r}}\int_0^{\frac{1}{x}}\frac{1}{1+t}\left(\frac{1}{t}\right)^{\frac{1}{r}}\mathrm{d}t,\quad x\in[1,\infty);$$

$$B(x)=\int_1^{\infty}\rho_1(t)G(t,x)\mathrm{d}t,\quad x\in[1,\infty);$$

$$G(t,x)=\frac{(r+1)xt+x^2}{r(x+t)^2t^{1+\frac{1}{r}}},\quad (t,x)\in[1,\infty)\times[1,\infty)\ (r>1).$$

引理1 设 $F(t)\in C^2[1,\infty)$，$F''(t)>0$，$F(t)\downarrow 0\ (t\to\infty)$，则

$$-\frac{F(1)}{8}<\int_1^{\infty}\rho_1(t)F(t)\mathrm{d}t<-\frac{F(3/2)}{12}.$$

证明见定理 4.11.1.

引理2 当 $x\geqslant 1$，$r>1$ 时有

$$I_x=\int_0^{\frac{1}{x}}\frac{1}{1+t}\left(\frac{1}{t}\right)^{\frac{1}{r}}\mathrm{d}t\geqslant\frac{r(2r-1)x^{\frac{1}{r}}}{(r-1)[(2r-1)x+r-1]}$$
$$>\frac{(2r-1)x^{\frac{1}{r}}}{(2r-1)x+r-1}.\tag{3.8.4}$$

引理2的证明如下：由分部积分，

$$I_x=\frac{x^{\frac{1}{r}}}{(r-1)(x+1)}+\frac{r}{r-1}\int_0^{\frac{1}{x}}\frac{t^{1-\frac{1}{r}}}{(1+t)^2}\mathrm{d}t, \tag{3.8.5}$$

取 $f(t)=\frac{1}{(1+t)^2}\left(\frac{1}{x}\right)^{1-\frac{1}{r}}$，$g(t)=(xt)^{1-\frac{1}{r}}$，则 $f(t)$ 为非负的且在区间 $(0,\frac{1}{x}]$ 上 $0\leqslant g(t)\leqslant 1$. 由Steffensen不等式(定理4.7.2)，

$$\int_0^{\frac{1}{x}}f(t)g(t)\mathrm{d}t=\int_0^{\frac{1}{x}}\frac{t^{1-\frac{1}{r}}}{(1+t)^2}\mathrm{d}t\geqslant\int_{\frac{1}{x}-C}^{\frac{1}{x}}f(t)\mathrm{d}t,$$

其中 $C=\int_0^{\frac{1}{x}}g(t)\mathrm{d}t=\frac{r}{x(2r-1)}$. 于是我们有

$$\begin{aligned}\int_0^{\frac{1}{x}}\frac{t^{1-\frac{1}{r}}}{(1+t)^2}\mathrm{d}t&\geqslant\int_{\frac{1}{x}-C}^{\frac{1}{x}}\frac{1}{(1+t)^2}\left(\frac{1}{x}\right)^{1-\frac{1}{r}}\mathrm{d}t\\&=\frac{-x^{\frac{1}{r}}}{x+1}+\frac{x^{\frac{1}{r}}(2r-1)}{x(2r-1)+r-1}.\end{aligned} \tag{3.8.6}$$

将(3.8.6)代入(3.8.5)即得引理2的结果.

推论　$A(x)$ 如上所设，即有

$$\begin{aligned}A'(x)&=x^{-\frac{1}{r}}\int_0^{\frac{1}{x}}\frac{1}{1+t}\left(\frac{1}{t}\right)^{\frac{1}{r}}\mathrm{d}t-\frac{1}{x+1}\\&>\frac{2r-1}{(2r-1)x+r-1}-\frac{1}{x+1}\\&=\frac{r}{(x+1)[(2r-1)x+r-1]}.\end{aligned} \tag{3.8.7}$$

现在来证明 $\theta_r(n)$ 为 n 的增函数($n=1,2,\cdots$).

设函数

$$F_1(t)=\frac{1}{(x+t)^2t^{\frac{1}{r}}},\quad F_2(t)=\frac{1}{(x+t)^3t^{\frac{1}{r}}},$$

$$t\in[1,\infty)\ (r>1,\ x\geqslant 1).$$

则 $F_1(t)$，$F_2(t)$ 显然满足引理1的条件，且 $B(x)$ 满足逐项求导的一致收敛条件. 于是由引理1，

$$
\begin{aligned}
B'(x) &= \int_1^\infty \rho_1(t) G'_x(t,x)\,\mathrm{d}t \\
&= \frac{r+1}{r}\int_1^\infty \rho_1(t)F_1(t)\,\mathrm{d}t - 2x\int_1^\infty \rho_1(t)F_2(t)\,\mathrm{d}t \\
&> \frac{r+1}{r}\left(-\frac{F_1(1)}{8}\right) + \frac{2x}{12}F_2\left(\frac{3}{2}\right) \\
&= \frac{-(r+1)}{8r(1+x)^2} + \frac{x}{6(x+3/2)^3(3/2)^{\frac{1}{r}}},
\end{aligned}
\tag{3.8.8}
$$

$$
\begin{aligned}
\theta'_r(x) &= A'(x) + B'(x) - \frac{1}{2(x+1)^2} \\
&> \frac{r}{(x+1)[(2r-1)x+r-1]} - \frac{r+1}{8r(1+x)^2} \\
&\quad + \frac{x}{6(x+3/2)^3(3/2)^{\frac{1}{r}}} - \frac{1}{2(x+1)^2} \\
&= \frac{(-2r^2+3r+1)x+(3r^2+4r+1)}{8r(x+1)^2[(2r-1)x+r-1]} + \frac{4x}{3(2x+3)^3}\left(\frac{2}{3}\right)^{\frac{1}{r}}.
\end{aligned}
$$

当 $1 < r < 9.9$ 时，$\left(\frac{2}{3}\right)^{\frac{1}{r}} > \frac{2}{3}$，可算得 $\theta'_r(x) > 0$. 当 $r \geqslant 9.9$ 时，$\left(\frac{2}{3}\right)^{\frac{1}{r}} > 0.9$，亦可算得 $\theta'_r(x) > 0$. 故 $\theta_r(x)$ 在 $[1,\infty)$ 上单调增加. 证毕.

第二步　现在来证 $\theta_p(1)$ 为 p 的减函数.

简记

$$
\theta_p(1) = \theta_p = \frac{\pi}{\sin(\pi/p)} - \omega_p(1).
$$

应用 Euler-Maclanrin 求和公式(3.8.3) 于 $\omega_r(0)$，

$$
\begin{aligned}
\omega(1) &= \sum_{m=1}^{\infty} \frac{1}{1+m}\left(\frac{1}{m}\right)^{\frac{1}{p}} \\
&= \int_1^\infty f(t)\,\mathrm{d}t + \frac{1}{2}f(1) + \sum_{k=1}^{s-1}\frac{B_{2k}}{(2k)!}f^{(2k-1)}(1) - \rho_s \\
&= \int_0^\infty f(t)\,\mathrm{d}t - \int_0^1 f(t)\,\mathrm{d}t + \frac{1}{2}f(1) + \sum_{k=1}^{s-1}\frac{B_{2k}}{(2k)!}f^{(2k-1)}(1) - \rho_s \\
&= \frac{\pi}{\sin(\pi/p)} - \int_0^1 f(t)\,\mathrm{d}t + \frac{1}{4} + \sum_{k=1}^{s-1}\frac{B_{2k}}{(2k)!}f^{(2k-1)}(1) - \rho_s,
\end{aligned}
\tag{3.8.9}
$$

其中 $f(t) = \frac{1}{1+t}\left(\frac{1}{t}\right)^{\frac{1}{p}}$，$B_j$ $(j=1,2,\cdots)$ 为 Bernoulli 数，$B_2 = \frac{1}{6}$，$B_4 =$

$-\frac{1}{30}$, $B_6=\frac{1}{42}$, $\rho_s=\frac{B_{2s}\theta}{(2s)!}f^{(2s-1)}(1)$ $(0<\theta<1)$. 记

$$J(p)=\int_0^1\frac{1}{1+t}\left(\frac{1}{t}\right)^{\frac{1}{p}}\mathrm{d}t-\frac{13p+2}{48p},$$

$$R(p)=\frac{\theta}{5760}\left(3+\frac{20}{p}+\frac{18}{p^2}+\frac{4}{p^3}\right)\quad(0<\theta<1).$$

由(3.8.9)即得

$$\theta_p=J(p)+R(p).\tag{3.8.10}$$

因

$$\begin{aligned}J'(p)&=\frac{1}{p^2}\int_0^1\log t\left(\frac{1}{1+t}\right)\left(\frac{1}{t}\right)^{\frac{1}{p}}\mathrm{d}t+\frac{1}{24p^2}\\&=-\frac{1}{p^2}\int_0^\infty\frac{y\mathrm{e}^{-\alpha y}}{1+\mathrm{e}^{-y}}\mathrm{d}y+\frac{1}{24p^2}\quad\left(\alpha=1-\frac{1}{p}\right)\\&<-\frac{1}{2p^2}\int_0^\infty y\mathrm{e}^{-\alpha y}\mathrm{d}y+\frac{1}{24p^2}\\&=-\frac{1}{2(p-1)^2}+\frac{1}{24p^2}<0,\end{aligned}\tag{3.8.11}$$

所以 $J(p)$ 为 p 的单调减函数，明显地，$R(p)$ 为 p 的单调减函数. 所以

$$\lambda=\inf\{\theta_p\}=\lim_{p\to\infty}\theta_p.\tag{3.8.12}$$

再由 Euler-Maclaurin 求和公式，

$$\begin{aligned}\theta_p&=\frac{\pi}{\sin(\pi/p)}-\left[\sum_{m=1}^{k-1}\frac{1}{1+m}\left(\frac{1}{m}\right)^{\frac{1}{p}}+\sum_{m=k}^{\infty}\frac{1}{1+m}\left(\frac{1}{m}\right)^{\frac{1}{p}}\right]\\&=\frac{\pi}{\sin(\pi/p)}-\left[\sum_{m=1}^{k-1}\frac{1}{1+m}\left(\frac{1}{m}\right)^{\frac{1}{p}}+\int_k^\infty f(t)\mathrm{d}t+\frac{1}{2}f(k)-\frac{\theta}{12}f'(k)\right]\\&=\int_0^k f(t)\mathrm{d}t-\sum_{m=1}^{k-1}\frac{1}{1+m}\left(\frac{1}{m}\right)^{\frac{1}{p}}-\frac{1}{2}f(k)+\frac{\theta}{12}f'(k)\\&\qquad(0<\theta<1),\end{aligned}\tag{3.8.13}$$

其中 $f(t)=\frac{1}{1+t}\left(\frac{1}{t}\right)^{\frac{1}{p}}$. 由 Euler 常数 γ 的定义，

$$\sum_{m=0}^{k-1}\frac{1}{1+m}=\gamma+\log k+\varepsilon_{k-1}\quad(\varepsilon_{k-1}\to0,\ k\to\infty).\tag{3.8.14}$$

已证 θ_p 为 p 的单调减函数，所以

$$\begin{aligned}\lambda=\lim_{p\to\infty}\theta_p&=\int_0^k\frac{1}{1+t}\mathrm{d}t-\sum_{m=1}^{k-1}\frac{1}{1+m}-\frac{1}{2(1+k)}-\frac{\theta}{12(1+k)^2}\\&=1-\gamma+\Delta R,\end{aligned}\tag{3.8.15}$$

其中

$$\Delta R=\log\frac{k+1}{k}-\varepsilon_{k-1}-\frac{1}{2(1+k)}-\frac{\theta}{12(1+k)^2}.$$

令 $k\to\infty$，即得 $\lambda=1-\gamma$. □

定理3.8.2 设 $p=2$，则

$$\sum_{m,n=1}^{\infty}\frac{a_mb_n}{m+n}\leqslant\left[\sum_{n=1}^{\infty}\left(\pi-\frac{\alpha}{\sqrt{n}}\right)a_n^2\right]^{\frac{1}{2}}\left[\sum_{n=1}^{\infty}\left(\pi-\frac{\alpha}{\sqrt{n}}\right)b_n^2\right]^{\frac{1}{2}}, \tag{3.8.16}$$

其中 $\alpha=\frac{\pi}{2}-\frac{7}{24}+\frac{\theta}{320}\ (0<\theta<1)$.

证 由(3.8.10)式，显然可得

$$\theta_2=J(2)+R(2)=\frac{\pi}{2}-\frac{7}{24}+\frac{\theta}{320}. \tag{3.8.17}$$

因而定理成立. □

3.9 Hilbert 积分不等式的改进[胡26],[胡27]

定理3.9.1 设 $f,g\geqslant 0$ 且 $\in L^2(0,\infty)$，则当 $1-e(x)+e(y)\geqslant 0$ 时，有

$$\begin{aligned}&\left(\int_0^\infty\int_0^\infty\frac{f(x)g(y)}{x+y}\mathrm{d}x\mathrm{d}y\right)^2\\&\leqslant\pi^2\left[\left(\int_0^\infty f^2(x)\mathrm{d}x\right)^2-\left(\int_0^\infty f^2(x)k(x)\mathrm{d}x\right)^2\right]\\&\quad\cdot\left[\left(\int_0^\infty g^2(x)\mathrm{d}x\right)^2-\left(\int_0^\infty g^2(x)k(x)\mathrm{d}x\right)^2\right],\end{aligned} \tag{3.9.1}$$

其中 $k(x)=\frac{2}{\pi}\int_0^\infty\frac{e(xt^2)}{1+t^2}\mathrm{d}t-e(x)$.

证 先设 $f=g$，由 Cauchy 不等式，

$$\begin{aligned}J&=\int_0^\infty\int_0^\infty\frac{f(x)f(y)}{x+y}\mathrm{d}x\mathrm{d}y\\&=\int_0^\infty\int_0^\infty\frac{f(x)f(y)}{x+y}(1-e(x)+e(y))\mathrm{d}x\mathrm{d}y\\&\leqslant\sqrt{J_1J_2},\end{aligned} \tag{3.9.2}$$

其中

$$J_1=\int_0^{\infty}\int_0^{\infty}\frac{f^2(y)}{x+y}\left(\frac{y}{x}\right)^{\frac{1}{2}}(1-e(x)+e(y))\mathrm{d}x\mathrm{d}y,$$

$$J_2=\int_0^{\infty}\int_0^{\infty}\frac{f^2(x)}{x+y}\left(\frac{x}{y}\right)^{\frac{1}{2}}(1-e(x)+e(y))\mathrm{d}x\mathrm{d}y.$$

又因

$$\left.\begin{aligned}J_1&=\pi\int_0^{\infty}f^2(y)\mathrm{d}y-\pi\int_0^{\infty}k(y)f^2(y)\mathrm{d}y,\\J_2&=\pi\int_0^{\infty}f^2(x)\mathrm{d}x+\pi\int_0^{\infty}k(x)f^2(x)\mathrm{d}x,\end{aligned}\right\}\tag{3.9.3}$$

由(3.9.2),(3.9.3)即得定理成立.

若 $g\neq f$，注意到

$$\begin{aligned}&\int_0^{\infty}\int_0^{\infty}\frac{f(x)g(y)}{x+y}\mathrm{d}x\mathrm{d}y\\&=\int_0^{\infty}\left(\int_0^{\infty}\mathrm{e}^{-xw}f(x)\mathrm{d}x\int_0^{\infty}\mathrm{e}^{-yw}g(y)\mathrm{d}y\right)\mathrm{d}w\\&\leqslant\sqrt{\int_0^{\infty}\left(\int_0^{\infty}\mathrm{e}^{-xw}f(x)\mathrm{d}x\right)^2\mathrm{d}w\int_0^{\infty}\left(\int_0^{\infty}\mathrm{e}^{-yw}g(y)\mathrm{d}y\right)^2\mathrm{d}w}\\&=\sqrt{\int_0^{\infty}\int_0^{\infty}\frac{f(x)f(y)}{x+y}\mathrm{d}x\mathrm{d}y\int_0^{\infty}\int_0^{\infty}\frac{g(x)g(y)}{x+y}\mathrm{d}x\mathrm{d}y},\end{aligned}$$

同 $f=g$ 时的证明，可知定理在 $f\neq g$ 时仍成立. □

例如，取 $e(x)=\frac{1}{2}\cos\sqrt{x}$，则

$$k(x)=\frac{1}{2}(\mathrm{e}^{-\sqrt{x}}-\cos\sqrt{x}).$$

3.10 Widder 不等式的改进[胡27]

定理 3.10.1 设 $a_n\geqslant 0$ 及

$$A(x)=\sum_{n=0}^{\infty}a_nx^n,\quad A^*(x)=\sum_{n=0}^{\infty}\frac{a_nx^n}{n!},$$

则

$$\left(\int_0^1A^2(x)\mathrm{d}x\right)^2\leqslant\pi^2\left\{\left(\int_0^{\infty}(\mathrm{e}^{-x}A^*(x))^2\mathrm{d}x\right)^2-\left(\int_0^{\infty}(\mathrm{e}^{-x}A^*(x))^2k(x)\mathrm{d}x\right)^2\right\},\tag{3.10.1}$$

其中 $k(x)$ 由(3.9.1)所定义.

当 $k(x)\equiv 0$ 时(3.10.1)为 Widder 不等式.

证 因

$$A(x)=\int_0^\infty e^{-t}A^*(xt)dt=\frac{1}{x}\int_0^\infty e^{-\frac{u}{x}}A^*(u)du,$$

$$\begin{aligned}\int_0^1 A^2(x)dx&=\int_0^1\frac{1}{x^2}dx\Big(\int_0^\infty e^{-\frac{u}{x}}A^*(u)du\Big)^2\\&=\int_1^\infty dy\Big(\int_0^\infty e^{-uy}A^*(u)du\Big)^2\\&=\int_0^\infty dw\Big(\int_0^\infty e^{-uw}\alpha(u)du\Big)^2,\end{aligned}\tag{3.10.2}$$

其中 $\alpha(u)=e^{-u}A^*(u)$，由定理 3.9.1，我们有

$$\begin{aligned}\int_0^1 A^2(x)dx&=\int_0^\infty\int_0^\infty\frac{\alpha(u)\alpha(v)}{u+v}dudv\\&\leqslant\pi\sqrt{\Big(\int_0^\infty\alpha^2(u)du\Big)^2-\Big(\int_0^\infty\alpha^2(u)k(u)du\Big)^2}.\end{aligned}\tag{3.10.3}$$

□

3.11 Hardy-Littlewood-Polya 不等式的第一种推广、改进与应用

设 $p>1$，$\frac{1}{p}+\frac{1}{q}=1$，$f,g\geqslant 0$，$f\in L^p(0,\infty)$，$g\in L^q(0,\infty)$. 又设 $K(x,y)$ $(\geqslant 0)$ 为齐负一次式，并且

$$\int_0^\infty K(x,1)x^{-\frac{1}{p}}dx=\int_0^\infty K(1,y)y^{-\frac{1}{q}}dy=k.$$

则

$$\int_0^\infty\Big(\int_0^\infty K(x,y)f(x)dx\Big)^p dy\leqslant k^p\int_0^\infty f^p(x)dx,\tag{3.11.1}$$

$$\int_0^\infty\int_0^\infty K(x,y)f(x)g(y)dxdy\leqslant k\Big(\int_0^\infty f^p(x)dx\Big)^{\frac{1}{p}}\Big(\int_0^\infty g^q(y)dy\Big)^{\frac{1}{q}}.\tag{3.11.2}$$

定理 3.11.1 [胡28] 设 $p>1$，$0<\lambda\leqslant 1$ 及 $f(x)$ $(\geqslant 0)\in L^p(0,\infty)$. 又设 $K(x,y)\geqslant 0$ 及 $\big(K(x,y)\big)^{\frac{1}{\lambda}}$ 为齐负一次式. 若有 $q>1$ 使 $\lambda=2-\frac{1}{p}-\frac{1}{q}$

及

$$\int_0^\infty \left(K(x,1)x^{-\frac{1}{q}}\right)^{\frac{1}{\lambda}} \mathrm{d}x = k, \quad q' = \frac{q}{q-1},$$

则

$$\int_0^\infty \left(\int_0^\infty K(x,y)f(x)\mathrm{d}x\right)^{q'} \mathrm{d}y \leqslant k^{\lambda q'} \left(\int_0^\infty f^p(x)\mathrm{d}x\right)^{(1-\lambda)q'+1}. \quad (3.11.3)$$

当$\lambda = 1$时，明显地，(3.11.3) 为不等式(3.11.1).

证　我们只要证明$\lambda \in (0,1)$的情形就够了. 设

$$s = \frac{p}{\lambda q'}, \quad p' = \frac{p}{p-1}, \quad t = \frac{p}{\lambda p'},$$

则

$$\lambda = 2 - \frac{1}{p} - \frac{1}{q} = \frac{1}{p'} + \frac{1}{q'}, \quad \frac{1}{\lambda p'} + \frac{1}{\lambda q'} = 1,$$

$$s\lambda + s(1-\lambda) + (1-\lambda)t = 1.$$

记

$$\left.\begin{aligned} f_1(w) &= f^{p(1-\lambda)}(yw), \\ f_2(w) &= \left(K(w,1)\right)^{\frac{1}{\lambda p'}} w^{-\frac{1}{p'+q'}}, \\ f_3(w) &= f^\lambda(yw)\left(K(w,1)\right)^{\frac{1}{\lambda q'}} w^{\frac{1}{p'+q'}} \end{aligned}\right\} \quad (3.11.4)$$

和$\alpha = \dfrac{1}{1-\lambda}$, $\beta = p'$, $\gamma = q'$,

$$\frac{1}{\alpha} + \frac{1}{\beta} + \frac{1}{\gamma} = 1.$$

由一般 Hölder 不等式，得到

$$\begin{aligned} \int_0^\infty K(w,1)f(yw)\mathrm{d}w &= \int_0^\infty f_1 f_2 f_3 \mathrm{d}w \\ &\leqslant \left(\int_0^\infty f_1^\alpha \mathrm{d}w\right)^{\frac{1}{\alpha}} \left(\int_0^\infty f_2^\beta \mathrm{d}w\right)^{\frac{1}{\beta}} \left(\int_0^\infty f_3^\gamma \mathrm{d}w\right)^{\frac{1}{\gamma}} \\ &= y^{\lambda-1}\left(\int_0^\infty f^p(x)\mathrm{d}x\right)^{1-\lambda} \left[\int_0^\infty \left(K(w,1)w^{-\frac{1}{q}}\right)^{\frac{1}{\lambda}} \mathrm{d}w\right]^{\frac{1}{p'}} \\ &\quad \cdot \left[\int_0^\infty f^p(yw)\left(K(w,1)w^{\frac{1}{p}}\right)^{\frac{1}{\lambda}} \mathrm{d}w\right]^{\frac{1}{q'}} \\ &= y^{\lambda-1}k^{\frac{1}{p'}}\left(\int_0^\infty f^p(x)\mathrm{d}x\right)^{1-\lambda} \left[\int_0^\infty f^p(yw)\left(K(w,1)w^{\frac{1}{p}}\right)^{\frac{1}{\lambda}} \mathrm{d}w\right]^{\frac{1}{q'}} \end{aligned}$$

$$= y^{\lambda-1} k^{\frac{1}{p}} \left(\int_0^\infty f^p(x) \mathrm{d}x \right)^{1-\lambda} F(y). \tag{3.11.5}$$

所以

$$\begin{aligned}
&\int_0^\infty \left(\int_0^\infty K(x,y) f(x) \mathrm{d}x \right)^{q'} \mathrm{d}y \\
&\quad = \int_0^\infty \left(y^{1-\lambda} \int_0^\infty K(w,1) f(yw) \mathrm{d}w \right)^{q'} \mathrm{d}y \\
&\quad \leqslant k^{\frac{q'}{p}} \left(\int_0^\infty f^p(x) \mathrm{d}x \right)^{(1-\lambda)q'} \int_0^\infty \int_0^\infty \left(K(w,1) w^{\frac{1}{p}} \right)^{\frac{1}{\lambda}} f^p(yw) \mathrm{d}w \mathrm{d}y \\
&\quad = k^{\frac{q'}{p}} \left(\int_0^\infty f^p(x) \mathrm{d}x \right)^{(1-\lambda)q'} \int_0^\infty \left[\left(K(w,1) w^{\frac{1}{p}} \right)^{\frac{1}{\lambda}} \int_0^\infty f^p(yw) \mathrm{d}y \right] \mathrm{d}w \\
&\quad = k^{\frac{q'}{p}+1} \left(\int_0^\infty f^p(x) \mathrm{d}x \right)^{(1-\lambda)q'+1} \\
&\quad = k^{\lambda q'} \left(\int_0^\infty f^p(x) \mathrm{d}x \right)^{(1-\lambda)q'+1}. \qquad \square
\end{aligned}$$

定理 3.11.2[胡28] 同定理 3.11.1 所设，若 $g(y)(\geqslant 0) \in L^q(0,\infty)$ 及 $1 + e(x) - e(y) \geqslant 0$ 对 $x, y \in (0,\infty)$ 成立，则有

$$\begin{aligned}
&\int_0^\infty \int_0^\infty K(x,y) f(x) g(y) \mathrm{d}x \mathrm{d}y \\
&\qquad \leqslant k^\lambda \left(\int_0^\infty f^p(x) \mathrm{d}x \right)^{\frac{1}{p}} \left(\int_0^\infty g^q(y) \mathrm{d}y \right)^{\frac{1}{q}} \left(1 - R^2(f,g) \right)^{\frac{1}{2}m(q)},
\end{aligned} \tag{3.11.6}$$

其中 $m(q) = \min\left\{ \frac{1}{q}, \frac{1}{q'} \right\}$,

$$R(f,g) = \frac{\int_0^\infty g^q(y) e(y) \mathrm{d}y}{\int_0^\infty g^q(y) \mathrm{d}y} - \frac{\int_0^\infty f^p(x) E(x) \mathrm{d}x}{\int_0^\infty f^p(x) \mathrm{d}x},$$

及 $kE(x) = \int_0^\infty e\left(\frac{x}{w}\right) \left(K(w,1) w^{-\frac{1}{q}} \right)^{\frac{1}{\lambda}} \mathrm{d}w$.

当 $\lambda = 1$ 时，(3.11.6) 为不等式(3.11.2) 的改进.

证 由(3.11.5) 可得(先设 $q' \geqslant q$)

$$\begin{aligned}
\int_0^\infty F^{q'}(y) \mathrm{d}y &= \int_0^\infty \int_0^\infty f^p(yw) \left(K(w,1) w^{\frac{1}{p}} \right)^{\frac{1}{\lambda}} \mathrm{d}w \mathrm{d}y \\
&= k \int_0^\infty f^p(x) \mathrm{d}x,
\end{aligned} \tag{3.11.7}$$

$$\int_0^\infty F^{q'}(y)e(y)\mathrm{d}y=\int_0^\infty\left(K(w,1)w^{\frac{1}{p'}}\right)^{\frac{1}{\lambda}}\left(\int_0^\infty e(y)f^p(yw)\mathrm{d}y\right)\mathrm{d}w$$
$$=\int_0^\infty f^p(x)\left[\int_0^\infty\left(K(w,1)w^{-\frac{1}{q'}}\right)^{\frac{1}{\lambda}}e\left(\frac{x}{w}\right)\mathrm{d}w\right]\mathrm{d}x$$
$$=k\int_0^\infty f^p(x)E(x)\mathrm{d}x. \tag{3.11.8}$$

又由(3.11.5),(3.11.7),(3.11.8)和不等式(2.1.5),并令 $\tilde{e}(x)\equiv 1$,有

$$\int_0^\infty\int_0^\infty K(x,y)f(x)g(y)\mathrm{d}x\mathrm{d}y$$
$$=\int_0^\infty\left(y^{1-\lambda}\int_0^\infty K(w,1)f(yw)\mathrm{d}w\right)g(y)\mathrm{d}y$$
$$\leqslant k^{\frac{1}{p'}}\left(\int_0^\infty f^p(x)\mathrm{d}x\right)^{1-\lambda}\int_0^\infty g(y)\left[\int_0^\infty\left(K(w,1)w^{\frac{1}{p'}}\right)^{\frac{1}{\lambda}}f^p(yw)\mathrm{d}w\right]^{\frac{1}{q'}}\mathrm{d}y$$
$$\leqslant k^{\frac{1}{p'}}\left(\int_0^\infty f^p(x)\mathrm{d}x\right)^{1-\lambda}\left(\int_0^\infty g^q(y)\mathrm{d}y\right)^{\frac{1}{q}-\frac{1}{q'}}$$
$$\cdot\left[\left(k\int_0^\infty f^p(x)\mathrm{d}x\int_0^\infty g^q(y)\mathrm{d}y\right)^2-\left(k\int_0^\infty f^p(x)E(x)\mathrm{d}x\int_0^\infty g^q(y)\mathrm{d}y\right.\right.$$
$$\left.\left.-k\int_0^\infty f^p(x)\mathrm{d}x\int_0^\infty g^q(y)e(y)\mathrm{d}y\right)^2\right]^{\frac{1}{2q'}}$$
$$=k^\lambda\left(\int_0^\infty f^p(x)\mathrm{d}x\right)^{1-\lambda}\left(\int_0^\infty g^q(x)\mathrm{d}x\right)^{\frac{1}{q}-\frac{1}{q'}}\left[\left(\int_0^\infty g^q(x)\mathrm{d}x\int_0^\infty f^p(x)\mathrm{d}x\right)^2\right.$$
$$-\left(\int_0^\infty f^p(x)E(x)\mathrm{d}x\int_0^\infty g^q(x)\mathrm{d}x\right.$$
$$\left.\left.-\int_0^\infty f^p(x)\mathrm{d}x\int_0^\infty g^q(x)e(x)\mathrm{d}x\right)^2\right]^{\frac{1}{2q'}}. \tag{3.11.9}$$

将(3.11.9)简单整理即得(3.11.6)式,同理可得 $q>q'$ 时的情形. □

下面将叙述定理3.11.2的应用. 为方便起见,记

$$(f,g)-\int_0^\infty f(x)g(x)\mathrm{d}x,\quad \|f\|_p=\left(\int_0^\infty|f|^p\mathrm{d}x\right)^{\frac{1}{p}}.$$

定理3.11.3[胡29] 设 $c>0$,p,q,f,g 如定理3.11.2所设. 又设 $K(x,y)=(x^c+y^c)^{-\frac{\lambda}{c}}$,则有

$$\int_0^\infty\int_0^\infty\frac{f(x)g(y)}{(x^c+y^c)^{\frac{\lambda}{c}}}\mathrm{d}x\mathrm{d}y$$
$$\leqslant c^{-\lambda}B^\lambda\left(\frac{1}{c\lambda p'},\frac{1}{c\lambda q'}\right)\|f\|_p\|g\|_q\left(1-R^2(f,g)\right)^{\frac{1}{2m(q)}}, \tag{3.11.10}$$

其中 $m(q)=\min\left\{\frac{1}{q},\frac{1}{q'}\right\}$, $B(a,b)$ 为 Beta 函数,

$$R(f,g)=\frac{(g^q,e)}{\|g\|_q^q}-\frac{(f^p,E)}{\|f\|_p^p},\quad 1-e(x)+e(y)\geqslant 0,\tag{3.11.11}$$

$$c^{-1}B\left(\frac{1}{c\lambda p'},\frac{1}{c\lambda q'}\right)E(x)=\int_0^\infty\frac{1}{(w^c+1)^{\frac{1}{c}}}w^{-\frac{1}{\lambda}q'}e\left(\frac{x}{w}\right)\mathrm{d}w.\tag{3.11.12}$$

(3.11.10) 式为 Levin 结果的改进与推广.

证 设 $K(x,y)>0$, $K(x,y)^{\frac{1}{\lambda}}$ 为齐负一次式, $0<\lambda\leqslant 1$,

$$\lambda=2-\frac{1}{p}-\frac{1}{q}.$$

又设 $\int_0^\infty\left(K(x,y)x^{-\frac{1}{q'}}\right)^{\frac{1}{\lambda}}\mathrm{d}x=k$, 由定理 3.11.2, 有

$$\int_0^\infty\int_0^\infty K(x,y)f(x)g(y)\mathrm{d}x\mathrm{d}y\leqslant k^\lambda\|f\|_p\|g\|_q\left(1-R^2(f,g)\right)^{\frac{1}{2}m(q)},\tag{3.11.13}$$

其中 $R(f,g)$ 如(3.11.6) 式, 但

$$kE(x)=\int_0^\infty K^{\frac{1}{\lambda}}(w,1)w^{-\frac{1}{\lambda q'}}e\left(\frac{x}{w}\right)\mathrm{d}w.\tag{3.11.14}$$

我们只要证明在(3.11.6) 中取

$$K(x,y)=(x^c+y^c)^{\frac{\lambda}{c}},\quad k=\frac{1}{c}B\left(\frac{1}{c\lambda p'},\frac{1}{c\lambda q'}\right)$$

就可以了. 因

$$\begin{aligned}k&=\int_0^\infty\frac{1}{(x^c+1)^{\frac{1}{c}}}x^{-\frac{1}{\lambda q'}}\mathrm{d}x=\frac{1}{c}\int_0^\infty\frac{1}{(w+1)^{\frac{1}{c}}}w^{\frac{1}{c\lambda p'}-1}\mathrm{d}w\\&=\frac{1}{c}B\left(\frac{1}{c\lambda p'},\frac{1}{c\lambda q'}\right),\end{aligned}\tag{3.11.15}$$

即可得定理的证明. □

当 $p=q$ 时, 我们还有更好的结果.

定理 3.11.4 [胡29] 同定理 3.11.3 所设, 但 $p=q$, 则

$$\begin{aligned}I(f)&=\int_0^\infty\int_0^\infty\frac{1}{(x+y)^\lambda}f(x)f(y)\mathrm{d}x\mathrm{d}y\\&\leqslant\pi^\lambda\|f\|_p^2\left[1-\frac{1}{4}\left(\frac{\int_0^\infty f^q(x)(\cos\sqrt{x}-\mathrm{e}^{-\sqrt{x}})\mathrm{d}x}{\|f\|_p^p}\right)^2\right]^{\frac{1}{p'}}.\end{aligned}\tag{3.11.16}$$

当 $\lambda=1$ 时，(3.11.16) 显然为 Hilbert 不等式的改进，即为(3.9.1) 式.

证 易见，当 $1-e(x)+e(y)\geqslant 0$ 时，有

$$I(f)=\int_0^\infty\int_0^\infty \frac{1}{(x+y)^\lambda}f(x)f(y)\big(1-e(x)+e(y)\big)\,\mathrm{d}x\mathrm{d}y. \tag{3.11.17}$$

记

$$f_1(x)=f^{p(1-\lambda)}(x)\big(1-e(x)+e(y)\big)^{1-\lambda},$$

$$f_2(x)=\frac{1}{(x+y)^{\frac{1}{p}}}\Big(\frac{y}{x}\Big)^{\frac{1}{2p}}\big(1-e(x)+e(y)\big)^{\frac{1}{p}},$$

$$f_3(x)=f^{\frac{p}{p'}}(x)\,\frac{1}{(x+y)^{\frac{1}{p'}}}\Big(\frac{x}{y}\Big)^{\frac{1}{2p'}}\big(1-e(x)+e(y)\big)^{\frac{1}{p'}}.$$

所以由 Hölder 不等式，

$$\begin{aligned}
I(f)&=\int_0^\infty f(y)\int_0^\infty f_1(x)f_2(x)f_3(x)\,\mathrm{d}x\mathrm{d}y\\
&\leqslant\int_0^\infty f(y)\Big\{\Big[\int_0^\infty f^p(x)\big(1-e(x)+e(y)\big)\,\mathrm{d}x\Big]^{1-\lambda}\\
&\quad\cdot\Big[\int_0^\infty \frac{1}{x+y}\Big(\frac{y}{x}\Big)^{\frac{1}{2}}\big(1-e(x)+e(y)\big)\,\mathrm{d}x\Big]^{\frac{1}{p}}\\
&\quad\cdot\Big[\int_0^\infty f^p(x)\,\frac{1}{x+y}\Big(\frac{x}{y}\Big)^{\frac{1}{2}}\big(1-e(x)+e(y)\big)\,\mathrm{d}x\Big]^{\frac{1}{p'}}\Big\}\mathrm{d}y\\
&=\int_0^\infty f(y)J_1^{1-\lambda}(y)J_2^{1/p'}(y)J_3^{1/p'}(y)\,\mathrm{d}y\\
&=\int_0^\infty f^{p(1-\lambda)}(y)J_1^{1-\lambda}(y)f^{\frac{p}{p'}}(y)J_2^{1/p'}(y)J_3^{1/p'}(y)\,\mathrm{d}y\\
&\leqslant\Big(\int_0^\infty f^p(y)J_1(y)\,\mathrm{d}y\Big)^{1-\lambda}\Big(\int_0^\infty f^p(y)J_2(y)\,\mathrm{d}y\Big)^{\frac{1}{p}}\Big(\int_0^\infty J_3(y)\,\mathrm{d}y\Big)^{\frac{1}{p'}}.
\end{aligned} \tag{3.11.18}$$

通过简单的计算可得

$$\int_0^\infty f^p(y)J_1(y)\,\mathrm{d}y=\Big(\int_0^\infty f^p(y)\,\mathrm{d}y\Big)^2,$$

$$\int_0^\infty f^p(y)J_2(y)\,\mathrm{d}y=\pi\int_0^\infty f^p(y)\,\mathrm{d}y-2\int_0^\infty f^p(y)\int_0^\infty \frac{1}{1+t^2}e(t^2y)\,\mathrm{d}t\mathrm{d}y$$

$$+\pi\int_0^\infty f^p(x)e(x)\,\mathrm{d}x,$$

$$\int_0^\infty J_3(y)\mathrm{d}y=\pi\int_0^\infty f^p(y)\mathrm{d}x+2\int_0^\infty f^p(y)\int_0^\infty \frac{1}{1+t^2}e(t^2y)\mathrm{d}t\mathrm{d}y$$

$$-\pi\int_0^\infty f^p(x)e(x)\mathrm{d}x.$$

所以

$$I(f)\leqslant \pi^\lambda\|f\|_p^2\left\{1-\left(\int_0^\infty \frac{f^p(x)(E(x)-e(x))\mathrm{d}x}{\|f\|_p^p}\right)^2\right\}^{\frac{1}{p}}\mathrm{d}x. \tag{3.11.19}$$

在(3.11.13),(3.11.14)中取 $e(x)=\frac{1}{2}\cos\sqrt{x}$，就有 $E(x)=\frac{1}{2}\mathrm{e}^{-\sqrt{x}}$. 所以(3.11.16)式成立. □

3.12 Hardy-Littlewood-Polya 不等式的第二种推广、改进与应用[胡29]

定理3.12.1 设 $\lambda>0$, $p,q>1$, $\frac{1}{p}+\frac{1}{q}=1$, $f,g\geqslant 0$, 记

$$F_\lambda(x)=x^{\frac{1-\lambda}{q}}f(x)\in L^p(0,\infty),$$

$$G_\lambda(y)=y^{\frac{1-\lambda}{p}}g(y)\in L^q(0,\infty).$$

又设 $K(x,y)\geqslant 0$, $\big(K(x,y)\big)^{\frac{1}{\lambda}}$ 为齐负一次式. 若

$$\int_0^\infty K(w,1)w^{\frac{\lambda}{q}-1}\mathrm{d}w=k,$$

则

$$\int_0^\infty y^{\lambda-1}\left(\int_0^\infty K(x,y)f(x)\mathrm{d}x\right)^p\mathrm{d}y\leqslant k\int_0^\infty x^{(p-1)(1-\lambda)}f^p(x)\mathrm{d}x; \tag{3.12.1}$$

$$\int_0^\infty\int_0^\infty K(x,y)f(x)g(y)\mathrm{d}x\mathrm{d}y$$

$$\leqslant k\|F_\lambda\|_p\|G_\lambda\|_q\big(1-R^2(F_\lambda,G_\lambda)\big)^{\frac{m(p)}{2}}, \tag{3.12.2}$$

其中 $m(p)=\min\left\{\frac{1}{p},\frac{1}{q}\right\}$,

$$R(F_\lambda,G_\lambda)=\frac{(G_\lambda^q,e)}{\|G_\lambda\|_q^q}-\frac{(F_\lambda^p,E)}{\|F_\lambda\|_p^p}, \tag{3.12.3}$$

$$kE(x)=\int_0^{\infty}K(w,1)e\left(\frac{x}{w}\right)w^{\frac{\lambda}{q}-1}\mathrm{d}w,\quad 1-e(x)+e(y)\geqslant 0. \tag{3.12.4}$$

证　先证明(3.12.1)式. 由 Hölder 不等式,

$$\begin{aligned}J(y)&=\int_0^{\infty}K(x,y)f(x)\mathrm{d}x\\&=\int_0^{\infty}f(x)K^{\frac{1}{p}}(x,y)\left(\frac{x}{y}\right)^{\frac{1-\lambda}{q}+\frac{\lambda}{pq}}K^{\frac{1}{q}}(x,y)\left(\frac{y}{x}\right)^{\frac{1-\lambda}{q}+\frac{\lambda}{pq}}\mathrm{d}x\\&=y^{1-\lambda}\int_0^{\infty}f(yw)K^{\frac{1}{p}}(w,1)w^{\frac{1-\lambda}{q}+\frac{\lambda}{pq}}K^{\frac{1}{q}}(w,1)w^{\frac{\lambda-1}{q}-\frac{\lambda}{pq}}\mathrm{d}w\\&\leqslant y^{1-\lambda}\left(\int_0^{\infty}f^p(yw)K(w,1)w^{\frac{p(1-\lambda)}{q}+\frac{\lambda}{q}}\mathrm{d}w\right)^{\frac{1}{p}}\left(\int_0^{\infty}K(w,1)w^{\frac{\lambda}{q}-1}\mathrm{d}w\right)^{\frac{1}{q}}\\&=k^{\frac{1}{q}}y^{1-\lambda}\left[\int_0^{\infty}f^p(yw)K(w,1)w^{\frac{p}{q}(1-\lambda)+\frac{\lambda}{q}}\mathrm{d}w\right]^{\frac{1}{p}}.\end{aligned} \tag{3.12.5}$$

所以

$$\begin{aligned}&\int_0^{\infty}y^{(\lambda-1)}J^p(y)\mathrm{d}y\\&\quad\leqslant k^{\frac{p}{q}}\int_0^{\infty}y^{(p-1)(1-\lambda)}\int_0^{\infty}f^p(yw)K(w,1)w^{\frac{p}{q}(1-\lambda)+\frac{\lambda}{q}}\mathrm{d}w\mathrm{d}y\\&\quad=k^{\frac{p}{q}}\int_0^{\infty}x^{(p-1)(1-\lambda)}f^p(x)\mathrm{d}x\int_0^{\infty}K(w,1)w^{\frac{\lambda}{q}-1}\mathrm{d}w\\&\quad=k^p\int_0^{\infty}x^{(p-1)(1-\lambda)}f^p(x)\mathrm{d}x.\end{aligned} \tag{3.12.6}$$

(3.12.1)式得证.

下面来证明(3.12.2)式. 由(3.12.5)式, 我们有

$$\begin{aligned}\int_0^{\infty}g(y)J(y)\mathrm{d}y&\leqslant k^{\frac{1}{q}}\int_0^{\infty}y^{\frac{1-\lambda}{p}}g(y)y^{\frac{1-\lambda}{q}}\left[\int_0^{\infty}f^p(yw)K(w,1)w^{\frac{\lambda}{q}+\frac{p(1-\lambda)}{q}}\mathrm{d}w\right]^{\frac{1}{p}}\mathrm{d}y\\&=k^{\frac{1}{q}}\int_0^{\infty}G_{\lambda}(y)F(y)\mathrm{d}y.\end{aligned} \tag{3.12.7}$$

应用不等式(2.1.5), 令 $\tilde{e}(y)\equiv 1$, 即得

$$\int_0^{\infty}F(y)G_{\lambda}(y)\mathrm{d}y\leqslant\|F\|_p\|G_{\lambda}\|_g\left(1-R^2(F,G_{\lambda})\right)^{\frac{m(p)}{2}}, \tag{3.12.8}$$

其中

$$R(F,G_{\lambda})=\frac{(F^p,e)}{\|F\|_p^p}-\frac{(G_{\lambda}^q,e)}{\|G_{\lambda}\|_q^q},\quad 1-e(x)+e(y)>0.$$

注意

$$\int_0^\infty F^p(y)\mathrm{d}y=\int_0^\infty y^{(p-1)(1-\lambda)}\int_0^\infty f^p(yw)K(w,1)w^{(p-1)(1-\lambda)+\frac{\lambda}{q}}\mathrm{d}w\mathrm{d}y$$
$$=k\int_0^\infty x^{(p-1)(1-\lambda)}f^p(x)\mathrm{d}x, \tag{3.12.9}$$

$$\int_0^\infty F^p(y)e(y)\mathrm{d}x=\int_0^\infty x^{(p-1)(1-\lambda)}f^p(x)\int_0^\infty K(w,1)w^{\frac{\lambda}{q}-1}e\left(\frac{x}{w}\right)\mathrm{d}w\mathrm{d}x. \tag{3.12.10}$$

将(3.12.8),(3.12.9),(3.12.10)代入(3.12.7)即得定理的结论.

定理3.12.2　$p,q,f,g,F_\lambda,G_\lambda,R(F_\lambda,G_\lambda)$ 如定理3.12.1所设. 若 $K(x,y)=\frac{1}{(x^c+y^c)^{\frac{\lambda}{c}}}$, $c>0$, 则有

$$\int_0^\infty\int_0^\infty K(x,y)f(x)g(y)\mathrm{d}x\mathrm{d}y$$
$$\leqslant\frac{1}{c}B\left(\frac{\lambda}{cp},\frac{\lambda}{cq}\right)\|F_\lambda\|_p\|G_\lambda\|_q\left(1-R^2(F_\lambda,G_\lambda)\right)^{\frac{m(p)}{2}}. \tag{3.12.11}$$

当 $c=\lambda$ 时, (3.12.11) 即为杨必成[杨1]中结果的改进.

因为

$$\int_0^\infty\frac{1}{(w^c+1)^{\frac{\lambda}{c}}}w^{\frac{\lambda}{q}-1}\mathrm{d}w=\frac{1}{c}\int_0^\infty\frac{1}{(t+1)^{\frac{\lambda}{c}}}t^{\frac{\lambda}{cp}-1}\mathrm{d}t=\frac{1}{c}B\left(\frac{\lambda}{cp},\frac{\lambda}{cq}\right), \tag{3.12.12}$$

由定理3.12.1即得(3.12.8).

定理3.12.3　如上述定理所设, 取 $p=2$, 记

$$I(f,g)=\int_0^\infty\int_0^\infty\frac{f(x)g(y)}{x^\lambda+y^\lambda}\mathrm{d}x\mathrm{d}y.$$

则

$$I(f,g)\leqslant\frac{\pi}{\lambda}\|F_\lambda\|_2\|G_\lambda\|_2\left(1-R_i^2(F_\lambda,F_\lambda)\right)^{\frac{1}{4}}\left(1-R_i^2(G_\lambda,G_\lambda)\right)^{\frac{1}{4}},$$
$$i=1,2, \tag{3.12.13}$$

其中

$$R_i(h,h)=\frac{\frac{1}{2}\int_0^\infty h^2(y)(\cos\sqrt{y^\lambda}-\mathrm{e}^{-\sqrt{y^\lambda}})\mathrm{d}y}{\|h\|_2^2},\quad h=F_\lambda,G_\lambda.$$

(3.12.13) 明显比[杨 1] 中 $p=2$ 时更精密.

因为

$$
\begin{aligned}
I(f,g) &= \int_0^\infty\int_0^\infty f(x)g(y)\int_0^\infty \mathrm{e}^{-(x^\lambda+y^\lambda)w}\mathrm{d}w\mathrm{d}x\mathrm{d}y \\
&= \int_0^\infty\left(\int_0^\infty \mathrm{e}^{-x^\lambda w}f(x)\mathrm{d}x\right)\left(\int_0^\infty \mathrm{e}^{-y^\lambda w}g(y)\mathrm{d}y\right)\mathrm{d}w \\
&\leqslant \left[\int_0^\infty\left(\int_0^\infty \mathrm{e}^{-x^\lambda w}f(x)\mathrm{d}x\right)^2\mathrm{d}w\right]^{\frac{1}{2}}\left[\int_0^\infty\left(\int_0^\infty \mathrm{e}^{-y^\lambda w}g(y)\mathrm{d}y\right)^2\mathrm{d}w\right]^{\frac{1}{2}} \\
&= \sqrt{I(f,f)I(g,g)},
\end{aligned}
$$

所以要证明定理的(3.12.13) 成立，只要证明 $I(f,f)$ 成立就可以了. 但 $I(f,f)$ 的证明完全和定理 3.9.1 的证明相同，在此不再赘述.

3.13　Hardy-Littlewood-Polya 不等式的第三种推广、改进与应用[胡30]

定理3.13.1　设 $p>1$，$\frac{1}{p}+\frac{1}{q}=1$，$\lambda>0$，$f(x)\geqslant 0$ 及 $x^{\frac{1-\lambda}{p}}f(x)\in L^p(0,\infty)$. 又设 $K(x,y)\geqslant 0$，$K^{\frac{1}{\lambda}}(x,y)$ 为 x,y 之齐负一次式. 若

$$\int_0^\infty K(x,1)x^{\frac{\lambda-2}{p}}\mathrm{d}x=k,$$

则有

$$\int_0^\infty y^{\frac{(\lambda-1)p}{q}}\left(\int_0^\infty K(x,y)f(x)\mathrm{d}x\right)^p\mathrm{d}y\leqslant k^p\int_0^\infty x^{1-\lambda}f^p(x)\mathrm{d}x. \tag{3.13.1}$$

又设 $g(y)\geqslant 0$，并且 $y^{\frac{1-\lambda}{q}}g(y)\in L^q(0,\infty)$，并对 $x,y\in(0,\infty)$，$1+e(x)-e(y)\geqslant 0$，则我们又有

$$
\begin{aligned}
&\int_0^\infty\int_0^\infty K(x,y)f(x)g(y)\mathrm{d}x\mathrm{d}y \\
&\quad\leqslant k\left(\int_0^\infty x^{1-\lambda}f^p(x)\mathrm{d}x\right)^{\frac{1}{p}}\left(\int_0^\infty y^{1-\lambda}g^q(y)\mathrm{d}y\right)^{\frac{1}{q}}\left(1-R^2(f,g)\right)^{\theta(p)},
\end{aligned} \tag{3.13.2}
$$

其中

$$R(f,g)=\frac{\int_0^\infty y^{1-\lambda}e(y)g^{p'}(y)\mathrm{d}y}{\int_0^\infty y^{1-\lambda}g^{p'}(y)\mathrm{d}y}-\frac{\int_0^\infty x^{1-\lambda}f^p(x)E(x)\mathrm{d}x}{\int_0^\infty x^{1-\lambda}f^p(x)\mathrm{d}x},$$

$$kE(x)=\int_0^\infty e\left(\frac{x}{w}\right)K(w,1)w^{\frac{\lambda-2}{p}}\mathrm{d}w;$$

$$\theta(p)=\frac{1}{2p},\ p\geqslant q;\quad \theta(p)=\frac{1}{2q},\ q>p.$$

证 先证(3.13.1)式. 由 Hölder 不等式，我们有

$$\begin{aligned}\int_0^\infty K(x,y)f(x)\mathrm{d}x&=\int_0^\infty K^{\frac{1}{p}}(x,y)\left(\frac{x}{y}\right)^{\frac{2-\lambda}{pq}}f(x)K^{\frac{1}{q}}(x,y)\left(\frac{y}{x}\right)^{\frac{2-\lambda}{pq}}\mathrm{d}x\\&\leqslant\left[\int_0^\infty K(x,y)\left(\frac{x}{y}\right)^{\frac{2-\lambda}{q}}f^p(x)\mathrm{d}x\right]^{\frac{1}{p}}\\&\quad\cdot\left[\int_0^\infty K(x,y)\left(\frac{y}{x}\right)^{\frac{2-\lambda}{p}}\mathrm{d}x\right]^{\frac{1}{q}}\\&=\left[\int_0^\infty K(x,y)\left(\frac{x}{y}\right)^{\frac{2-\lambda}{q}}f^p(x)\mathrm{d}x\right]^{\frac{1}{p}}y^{\frac{1-\lambda}{q}}\\&\quad\cdot\left(\int_0^\infty K(u,1)u^{\frac{\lambda-2}{p}}\mathrm{d}u\right)^{\frac{1}{q}}.\end{aligned}\tag{3.13.3}$$

取 $uy=x$，得

$$\begin{aligned}&\int_0^\infty y^{\frac{(\lambda-1)p}{q}}\left(\int_0^\infty K(x,y)f(x)\mathrm{d}x\right)^p\mathrm{d}y\\&\leqslant k^{\frac{p}{q}}\int_0^\infty f^p(x)\left[\int_0^\infty K(x,y)\left(\frac{x}{y}\right)^{\frac{2-\lambda}{q}}\mathrm{d}y\right]\mathrm{d}x\\&=k^{\frac{p}{q}}\int_0^\infty x^{1-\lambda}f^p(x)\mathrm{d}x\int_0^\infty K(u,1)u^{\frac{\lambda-2}{p}}\mathrm{d}u\\&=k^p\int_0^\infty x^{1-\lambda}f^p(x)\mathrm{d}x.\end{aligned}\tag{3.13.4}$$

这就是我们要求的结果.

记

$$F^p(y)=\int_0^\infty K(x,y)\left(\frac{x}{y}\right)^{\frac{2-\lambda}{q}}f^p(x)\mathrm{d}x,\quad G(y)=y^{\frac{1-\lambda}{q}}g(y),$$

取 $uy=x$，则有

$$\begin{aligned}\int_0^\infty e(y)F^p(y)\mathrm{d}y&=\int_0^\infty f^p(x)\mathrm{d}x\int_0^\infty K(x,y)e(y)\left(\frac{x}{y}\right)^{\frac{2-\lambda}{p}}\mathrm{d}y\\&=\int_0^\infty x^{1-\lambda}f^p(x)\mathrm{d}x\int_0^\infty K(u,1)e\left(\frac{x}{u}\right)u^{\frac{\lambda-2}{p}}\mathrm{d}u,\end{aligned}\tag{3.13.5}$$

$$\int_0^\infty F^p(y)\mathrm{d}y = k\int_0^\infty x^{1-\lambda} f^p(x)\mathrm{d}x. \tag{3.13.6}$$

由(3.13.3)，则得

$$\int_0^\infty\int_0^\infty K(x,y)f(x)g(y)\mathrm{d}x\mathrm{d}y \leqslant k^{\frac{1}{q}}\int_0^\infty F(y)G(y)\mathrm{d}y. \tag{3.13.7}$$

应用不等式(2.1.5)于(3.13.7)式，再将(3.13.5)，(3.13.6)代入，即得定理3.13.1的(3.13.2)的证明. □

下面介绍不等式(3.13.1)的两个应用.

定理3.13.2　设$1-\alpha\lambda+\lambda p+\dfrac{\lambda-2}{p}>0$，$f\geqslant 0$，$x^{\frac{1-\lambda}{p}}f\in L^p(0,\infty)$，则有

$$\int_0^\infty y^{\frac{(\lambda-1)p}{q}}\left[\int_0^y \frac{y^{(\alpha-1)\lambda}}{x^{\alpha\lambda}}f(x)\mathrm{d}x\right]^p \mathrm{d}y$$

$$\leqslant \frac{p^p}{[p-\lambda(\alpha-1)p+\lambda-2]^p}\int_0^\infty x^{1-\lambda}f^p(x)\mathrm{d}x. \tag{3.13.8}$$

定义

$$K(x,y)=\begin{cases} y^{(\alpha-1)\lambda}x^{-\alpha\lambda}, & x\leqslant y,\\ 0, & x>y.\end{cases}$$

由定理3.13.1，通过简单计算，即可得出(3.13.8).

定理3.13.3　设$\lambda-2+\min\{p,q\}>0$，$f(x)\geqslant 0$，$x^{\frac{1-\lambda}{p}}f(x)\in L^p(0,\infty)$，则有

$$\int_0^\infty y^{\frac{(\lambda-1)p}{q}}\left[\int_0^\infty f(x)(x+y)^{-\lambda}\mathrm{d}x\right]^p \mathrm{d}y$$

$$\leqslant B^p\left(1+\frac{\lambda-2}{p},1+\frac{\lambda-2}{p}\right)\int_0^\infty x^{1-\lambda}f^p(x)\mathrm{d}x. \tag{3.13.9}$$

当$p=2$时，(3.13.9)为杨必成证得.

证　由β函数的定义，

$$\int_0^\infty \frac{1}{(x+y)^\lambda}\left(\frac{y}{x}\right)^{\frac{2-\lambda}{p}}\mathrm{d}x = y^{1-\lambda}\int_0^\infty \frac{1}{(1+x/y)^\lambda}\left(\frac{y}{x}\right)^{\frac{2-\lambda}{p}}\mathrm{d}\left(\frac{x}{y}\right)$$

$$= y^{1-\lambda}\int_0^\infty \frac{1}{(1+u)^\lambda}u^{\frac{\lambda-2}{p}}\mathrm{d}u$$

$$= y^{1-\lambda}B\left(1+\frac{\lambda-2}{p},1+\frac{\lambda-2}{q}\right).$$

因此由定理3.13.2得(3.13.9). □

3.14 Knopp 不等式的几种推广

设 $p,q>1$, $\frac{1}{p}+\frac{1}{q}=1$, $r>0$, $f(x)\geqslant 0$, $f\in L^p(0,\infty)$, 记

$$f_r(y)=\frac{1}{\Gamma(r)}\int_0^y \frac{(y-x)^{r-1}}{y^r}f(x)\mathrm{d}x.$$

则我们有

$$\int_0^\infty (f_r(y))^p\mathrm{d}y\leqslant\left[\frac{\Gamma\left(\frac{1}{q}\right)}{\Gamma\left(r+\frac{1}{q}\right)}\right]^p\int_0^\infty f^p(x)\mathrm{d}x.$$

此不等式称为 Knopp 不等式. 本节将给出此不等式三种不同的推广：

定理 3.14.1 设 $c,r>0$, $c+r>1$, $p,q>1$, $\lambda=2-\frac{1}{p}-\frac{1}{q}<1$, $f\in L^p(0,\infty)$. 记

$$f_r(y)=\frac{c^\lambda}{\Gamma^\lambda\left(1+\frac{r-1}{c}\right)}\int_0^y\frac{(y^c-x^c)^{\frac{\lambda(r-1)}{c}}}{y^{\lambda r}}f(x)\mathrm{d}x.$$

则有

$$\int_0^\infty (f_r(y))^{q'}\mathrm{d}y\leqslant\left[\frac{\Gamma\left(\frac{1}{c\lambda p'}\right)}{\Gamma\left(1+\frac{r}{c}-\frac{1}{c\lambda q'}\right)}\right]^{\lambda q'}\left(\int_0^\infty f^p(x)\mathrm{d}x\right)^{(1-\lambda)q'+1}. \tag{3.14.1}$$

定理 3.14.2 c,r 同定理 3.14.1 所设. 又 $p,q>1$, $\frac{1}{p}+\frac{1}{q}=1$, $x^{\frac{1-\lambda}{p}}f\in L^p(0,\infty)$. 记

$$f_r(y)=\frac{cy^{\frac{1-\lambda}{q}}}{\Gamma\left(1+\frac{r-1}{c}\right)}\int_0^y\frac{(y^c-x^c)^{\frac{\lambda(r-1)}{c}}}{y^{\lambda r}}f(x)\mathrm{d}x.$$

若 $p+\lambda>2$, 则有

$$\int_0^\infty f_r^p(y)\mathrm{d}y\leqslant\frac{\Gamma^p\left(\frac{\lambda-2+p}{cp}\right)}{\Gamma^p\left(1+\frac{\lambda}{c}(r-1)+\frac{1}{c}+\frac{\lambda-2}{cp}\right)}\int_0^\infty x^{1-\lambda}f^p(x)\mathrm{d}x. \tag{3.14.2}$$

定理3.14.3 c,r,p,q 同定理 3.14.2 所设. 又设 $x^{\frac{1-\lambda}{q}}f\in L^p(0,\infty)$. 记

$$f_r(y)=y^{\frac{\lambda-1}{p}}\frac{c}{\Gamma\left(1+\frac{r-1}{c}\right)}\int_0^y\frac{f(x)(y^c-x^c)^{\frac{\lambda(r-1)}{c}}}{y^{\lambda r}}\mathrm{d}x.$$

则有

$$\int_0^\infty f_r^p(y)\mathrm{d}y\leqslant\frac{\Gamma^p\left(\frac{\lambda}{cq}\right)}{\Gamma^p\left(1+\frac{\lambda(r-1)}{c}+\frac{\lambda}{cq}\right)}\int_0^\infty x^{(p-1)(1-\lambda)}f^p(x)\mathrm{d}x. \tag{3.14.3}$$

当 $\lambda=c=1$ 时，(3.14.3) 即为 Knopp 不等式.

定理3.14.1的证明 由定理3.11.1的(3.11.3)式，$\lambda,p,q,f(x)$ 如定理所设，$K(x,y)>0$，$(K(x,y))^{\frac{1}{\lambda}}$ 为齐负一次式，若

$$\int_0^\infty\left(K(x,1)x^{-\frac{1}{q}}\right)^{\frac{1}{\lambda}}=k,$$

则有

$$\int_0^\infty\left(\int_0^\infty K(x,y)f(x)\mathrm{d}x\right)^{q'}\mathrm{d}y\leqslant k^{\lambda q'}\left(\int_0^\infty f^p(x)\mathrm{d}x\right)^{(1-\lambda)q'+1}. \tag{3.14.4}$$

我们取

$$K(x,y)=\begin{cases}\dfrac{c^\lambda(y^c-x^c)^{\frac{\lambda(r-1)}{c}}}{y^{\lambda r}\Gamma^\lambda\left(1+\frac{r-1}{c}\right)}, & 0\leqslant x\leqslant y,\\ 0, & 0<y<x,\end{cases}$$

则

$$\begin{aligned}&\Gamma\left(1+\frac{r-1}{c}\right)\int_0^y K^{\frac{1}{\lambda}}(x,y)\left(\frac{y}{x}\right)^{\frac{1}{\lambda q'}}\mathrm{d}x\\&=c\int_0^1(1-t^c)^{\frac{r-1}{c}}t^{-\frac{1}{\lambda q'}}\mathrm{d}t=\int_0^1(1-w)^{\frac{r-1}{c}}w^{\frac{1}{c\lambda p'}-1}\mathrm{d}w\\&=B\left(1+\frac{r-1}{c},\frac{1}{c\lambda p'}\right).\end{aligned}\tag{3.14.5}$$

将(3.14.5)代入(3.14.4)，即得定理的结论. □

定理3.14.2的证明 由定理3.13.2的(3.13.1)式，$K(x,y)\geqslant0$，$(K(x,y))^{\frac{1}{\lambda}}$ 为齐负一次式，若

$$\int_0^\infty K(x,1)x^{\frac{\lambda-2}{p}}\mathrm{d}x=k,$$

则我们有

$$\int_0^\infty y^{\frac{(\lambda-1)p}{q}}\Big(\int_0^\infty K(x,y)f(x)\mathrm{d}x\Big)^p\mathrm{d}y\leqslant k^p\int_0^\infty x^{1-\lambda}f^p(x)\mathrm{d}x.\quad(3.14.6)$$

和定理 3.14.1 一样取 $K(x,y)$，但其中 c^λ 为 c. 因

$$\int_0^1(1-u^c)^{\frac{\lambda(r-1)}{c}}u^{\frac{\lambda-2}{p}}\mathrm{d}u=\frac{1}{c}\int_0^1(1-t)^{\frac{\lambda(r-1)}{c}}t^{\frac{\lambda-2}{cp}+\frac{1}{c}-1}\mathrm{d}t$$

$$=\frac{1}{c}B\Big(1+\frac{\lambda(r-1)}{c},\frac{\lambda-2}{cp}+\frac{1}{c}\Big),\quad(3.14.7)$$

将(3.14.6) 代入(3.14.7)，即得定理的结论. □

定理 3.14.3 的证明　依靠定理 3.14.1 的(3.14.1)式，与定理 3.14.2 的证明一样取 $K(x,y)$，注意

$$\int_0^\infty K(w,1)w^{\frac{\lambda}{q}-1}\mathrm{d}w=\int_0^1(1-w^c)^{\frac{\lambda(r-1)}{c}}w^{\frac{\lambda}{q}-1}\mathrm{d}w$$

$$=\frac{1}{c}\int_0^1(1-t)^{\frac{\lambda(r-1)}{c}}t^{\frac{\lambda}{cq}-1}\mathrm{d}t$$

$$=\frac{1}{c}B\Big(1+\frac{\lambda(r-1)}{c},\frac{\lambda}{cq}\Big),$$

即可得出结论. □

3.15　有关 Hilbert 型积分不等式的另一种推广[赵1]

定理 3.15.1　设 $p,q>1$，$f(s)\geqslant0$，$s\in(0,x)$，$g(t)\geqslant0$，$t\in(0,y)$. 又设 $F(t)=\int_0^t f(\tau)\mathrm{d}\tau$ 及 $G(t)=\int_0^t g(\tau)\mathrm{d}\tau$，则

$$\int_0^x\int_0^y\frac{F^p(s)G^q(t)(st)^{\frac{2}{l}}}{(st^{\frac{1}{l}})^2+(ts^{\frac{1}{l}})^2}\mathrm{d}s\mathrm{d}t$$

$$\leqslant\frac{1}{2}pq(xy)^{\frac{l-1}{l}}\Big[\int_0^x(x-s)(F^{p-1}(s)f(s))^l\mathrm{d}s\Big]^{\frac{1}{l}}$$

$$\cdot\Big[\int_0^y(y-t)(G^{q-1}(t)g(t))^l\mathrm{d}t\Big]^{\frac{1}{l}}.\quad(3.15.1)$$

证　因为

$$F^p(s)=p\int_0^s F^{p-1}(\sigma)f(\sigma)\mathrm{d}\sigma,\quad s\in(0,x),$$

$$G^q(t)=q\int_0^t G^{q-1}(\tau)g(\tau)\mathrm{d}\tau,\quad t\in(0,y),$$

所以

$$F^p(s)G^q(t)=pq\left(\int_0^s F^{p-1}(\sigma)f(\sigma)\mathrm{d}\sigma\right)\left(\int_0^t G^{q-1}(\tau)g(\tau)\mathrm{d}\tau\right).\tag{3.15.2}$$

另一方面，由 Hölder 不等式有

$$\int_0^s F^{p-1}(\sigma)f(\sigma)\mathrm{d}\sigma\leqslant s^{\frac{l-1}{l}}\left[\int_0^s (F^{p-1}(\sigma)f(\sigma))^l\mathrm{d}\sigma\right]^{\frac{1}{l}},$$

$$\int_0^t G^{q-1}(\tau)g(\tau)\mathrm{d}\tau\leqslant t^{\frac{l-1}{l}}\left[\int_0^t (G^{q-1}(\tau)g(\tau))^l\mathrm{d}\tau\right]^{\frac{1}{l}},$$

$$\begin{aligned}F^p(s)G^q(t)&\leqslant pq(st)^{\frac{l-1}{l}}\left[\int_0^s (F^{p-1}(\sigma)f(\sigma))^l\mathrm{d}\sigma\right]^{\frac{1}{l}}\\&\quad\cdot\left[\int_0^t (G^{q-1}(\tau)g(\tau))^l\mathrm{d}\tau\right]^{\frac{1}{l}}\\&\leqslant\frac{1}{2}pq\left(s^{\frac{2(l-1)}{l}}+t^{\frac{2(l-1)}{l}}\right)\left[\int_0^s (F^{p-1}(\sigma)f(\sigma))^l\mathrm{d}\sigma\right]^{\frac{1}{l}}\\&\quad\cdot\left[\int_0^t (G^{q-1}(\tau)g(\tau))^l\mathrm{d}\tau\right]^{\frac{1}{l}}.\end{aligned}\tag{3.15.3}$$

因而得

$$\begin{aligned}\frac{F^p(s)G^q(t)(st)^{\frac{1}{l}}}{(s\cdot t^{\frac{1}{l}})^2+(t\cdot s^{\frac{1}{l}})^2}&\leqslant\frac{1}{2}pq\left[\int_0^s (F^{p-1}(\sigma)f(\sigma))^l\mathrm{d}\sigma\right]^{\frac{1}{l}}\\&\quad\cdot\left[\int_0^t (G^{q-1}(\tau)g(\tau))^l\mathrm{d}\tau\right]^{\frac{1}{l}},\end{aligned}\tag{3.15.4}$$

$$\begin{aligned}&\int_0^x\int_0^y\frac{F^p(s)G^q(t)(st)^{\frac{2}{l}}}{(s\cdot t^{\frac{1}{l}})^2+(t\cdot s^{\frac{1}{l}})^2}\mathrm{d}s\mathrm{d}t\\&\leqslant\frac{1}{2}pq\left\{\int_0^x\left[\int_0^s (F^{p-1}(\sigma)f(\sigma))^l\mathrm{d}\sigma\right]^{\frac{1}{l}}\mathrm{d}s\right\}\\&\quad\cdot\left\{\int_0^y\left[\int_0^t (G^{q-1}(\tau)f(\tau))^l\mathrm{d}\tau\right]^{\frac{1}{l}}\mathrm{d}t\right\}\\&\leqslant\frac{1}{2}pq\cdot x^{\frac{l-1}{l}}\left\{\int_0^x\left[\int_0^s (F^{p-1}(\sigma)f(\sigma))^l\mathrm{d}\sigma\right]\mathrm{d}s\right\}^{\frac{1}{l}}\\&\quad\cdot y^{\frac{l-1}{l}}\left\{\int_0^y\left[\int_0^t (G^{q-1}(\tau)g(\tau))^l\mathrm{d}\tau\right]\mathrm{d}t\right\}^{\frac{1}{l}}\end{aligned}$$

$$=\frac{1}{2}pq(xy)^{\frac{l-1}{l}}\left[\int_0^x(x-s)(F^{p-1}(s)f(s))^l\mathrm{d}s\right]^{\frac{1}{l}}$$

$$\cdot\left[\int_0^y(y-t)(G^{q-1}(t)g(t))^l\mathrm{d}t\right]^{\frac{1}{l}}. \tag{3.15.5}$$

证毕. □

3.16 有关 Hardy 之一不等式的推广与改进[胡31]

设 $f(x)\in L^p(0,\infty)$, $p>1$ 及 $f(x)\geqslant 0$. Hardy 证明了:

$$\int_0^\infty\left(\frac{\int_0^x f(t)\mathrm{d}t}{x}\right)^p\mathrm{d}x\leqslant\left(\frac{p}{p-1}\right)^p\int_0^\infty f^p(x)\mathrm{d}x, \tag{3.16.1}$$

此不等式叫做 Hardy 不等式, 它对于 H_p 空间及 Fourier 级数是有用处的. 后来 Hardy 又给出 (3.16.1) 的两种不同形式的推广. 本节将在 Hardy 对 (3.16.1) 的推广这一基础上, 作进一步的推广与改进.

定理 3.16.1 设

(1) $0<\lambda\leqslant 1$, $p,q>1$, $\lambda=2-\frac{1}{p}-\frac{1}{q}$;

(2) $f(x),g(x)\geqslant 0$, $x\in(0,\infty)$; $F(y)\geqslant 0$, $y\geqslant 0$ 及对每一正数 X, $\int_0^X g(x)\mathrm{d}x$ 存在;

(3) $e(x)$ $(x\in(0,\infty))$ 适合 $1-e(x)+e(y)\geqslant 0$.

令 $q'=\frac{q}{q-1}$ 及

$$G_1(x)=\frac{g^{\frac{1}{q'}}(x)\int_0^x g(t)\left(\int_0^t g(v)\mathrm{d}v\right)^{-\alpha\lambda}F^{\frac{1}{p}}(f(t))\mathrm{d}t}{\left(\int_0^x g(t)\mathrm{d}t\right)^{(1-\alpha)\lambda}},$$

$$G_2(x)=\frac{g^{\frac{1}{\lambda q'}}(x)\int_0^x g(t)\left(\int_0^t g(v)\mathrm{d}v\right)^{-\alpha}F^{\frac{1}{\lambda q'}}(f(t))\mathrm{d}t}{\left(\int_0^x g(t)\mathrm{d}t\right)^{1-\alpha}},$$

$$H_1=\left(g(x)F(f(x))\right)^{\frac{1}{\lambda q'}}.$$

若 $\alpha<1-\frac{1}{\lambda q'}$ 和 $H_1\in L^{\lambda q'}(0,\infty)$, 则

$$\int_0^\infty G_1^{q'}(x)\mathrm{d}x \leqslant \left(\frac{q'\lambda}{q'\lambda(1-\alpha)-1}\right)^{q'\lambda}\left(\int_0^\infty g(x)F(f(x))\mathrm{d}x\right)^{q'(1-\lambda)+1} \cdot \left(1-R^2(G_2,H_1)\right)^{\theta(q'\lambda)}, \tag{3.16.2}$$

其中，当 $x>2$ 时，$\theta(x)=\frac{1}{2}$；当 $1<x\leqslant 2$ 时，$\theta(x)=\frac{1}{2}(x-1)$，

$$R(G_2,H_1)=\frac{\int_0^\infty G_2^{q'\lambda}(x)e(x)\mathrm{d}x}{\int_0^\infty G_2^{q'\lambda}(x)\mathrm{d}x}-\frac{\int_0^\infty H_1^{q'\lambda}(x)e(x)\mathrm{d}x}{\int_0^\infty H_1^{q'\lambda}(x)\mathrm{d}x}.$$

注意，当 $\lambda=1$，$g=1$，$F(y)=y^p$ 时，(3.16.2)为Hardy推广(3.16.1)式后的结果的改进. 当 $\lambda\in[0,1]$，$g=1$，$F(y)=y^p$，$\alpha=0$ 时，(3.16.2)式为著者在参考书目[2]中结果的改进.

定理3.16.2　设 $p>1$，$r>1$，F,f,g 如定理3.16.1中所设. 令

$$G_3(x)=\frac{g^{\frac{1}{p}}(x)\int_0^x g(t)F^{\frac{1}{p}}(f(t))\mathrm{d}t}{\left(\int_0^x g(t)\mathrm{d}t\right)^{\frac{r}{p}}},$$

$$H_2(x)=g^{\frac{1}{p}}(x)\left(\int_0^x g(t)\mathrm{d}t\right)^{\frac{p-r}{p}}F^{\frac{1}{p}}(f(x)).$$

若 $H_2\in L^p(0,\infty)$，则

$$\int_0^\infty G_3^p(x)\mathrm{d}x \leqslant \left(\frac{p}{r-1}\right)^p\int_0^\infty H_2^p(x)\mathrm{d}x\left(1-R^2(G_3,H_2)\right)^{\theta(p)}, \tag{3.16.3}$$

其中 θ,R,e 同定理3.16.1中所设.

当(3.16.3)中 $g=1$，$F=y^p$ 时，(3.16.3)即是Hardy推广(3.16.1)后的结果的改进.

要证明定理3.16.1和定理3.16.2，需先证明下面一些引理.

引理1　设 $p>1$，$\alpha<\frac{1}{p}$，且 $g(x)F(f(x))\in L^1(0,\infty)$，则当 $\delta\to 0$ 时，有

$$\left[\int_0^\delta g(x)\left(\int_0^x g(t)\mathrm{d}t\right)^{-\alpha}F^{\frac{1}{p}}(f(x))\mathrm{d}x\right]^p\left(\int_0^\delta g(x)\mathrm{d}x\right)^{1-(1-\alpha)p}\to 0. \tag{3.16.4}$$

证 因 $p'=\dfrac{p}{p-1}$，有

$$\int_0^\delta g(x)F(f(x))\mathrm{d}x=\int_0^\delta H(x)\mathrm{d}x\to 0,\tag{3.16.5}$$

当 $\delta\to 0$ 时，$H=gF(f)\in L$. 由 Hölder 不等式，有

$$\begin{aligned}&\left[\int_0^\delta g(x)\left(\int_0^x g(t)\mathrm{d}t\right)^{-\alpha}F^{\frac{1}{p}}(f(x))\mathrm{d}x\right]^p\\&=\left[\int_0^\delta g^{\frac{1}{p}}(x)F^{\frac{1}{p}}(f(x))g^{\frac{1}{p'}}(x)\left(\int_0^x g(t)\mathrm{d}t\right)^{-\alpha}\mathrm{d}x\right]^p\\&\leqslant\int_0^\delta g(x)F(f(x))\mathrm{d}x\left[\int_0^\delta g(x)\left(\int_0^x g(t)\mathrm{d}t\right)^{-\alpha p'}\mathrm{d}x\right]^{p-1}\\&=(1-\alpha p')^{1-p}\int_0^\delta g(x)F(f(x))\mathrm{d}x\left(\int_0^\delta g(t)\mathrm{d}t\right)^{p-1-\alpha p}.\end{aligned}\tag{3.16.6}$$

由(3.16.5),(3.16.6)，即得引理的证明. □

引理 2 设 p,r,H_2 如定理 3.16.2 中所设，则当 $\delta\to 0$ 时，有

$$\left(\int_0^\delta g(x)F^{\frac{1}{p}}(f(x))\mathrm{d}x\right)^p\left(\int_0^\delta g(x)\mathrm{d}x\right)^{1-r}\to 0.\tag{3.16.7}$$

证 由假设有

$$\int_0^\delta H_2^p(x)\mathrm{d}x\to 0,\quad \delta\to 0.\tag{3.16.8}$$

对 $r>1$，再由 Hölder 不等式，

$$\begin{aligned}&\left(\int_0^\delta g(x)F^{\frac{1}{p}}(f(x))\mathrm{d}x\right)^p\\&=\left[\int_0^\delta g^{\frac{1}{p}}(x)\left(\int_0^x g(t)\mathrm{d}t\right)^{\frac{p-r}{p}}F^{\frac{1}{p}}(f(x))g^{\frac{1}{p'}}(x)\left(\int_0^x g(t)\mathrm{d}t\right)^{\frac{r-p}{p}}\mathrm{d}x\right]^p\\&\leqslant\int_0^\delta H_2^p(x)\mathrm{d}x\left[\int_0^\delta g(x)\left(\int_0^x g(t)\mathrm{d}t\right)^{\frac{r-p}{p-1}}\mathrm{d}x\right]^{p-1}\\&=\left(\frac{p-1}{r-1}\right)^{p-1}\int_0^\delta H_2^p(x)\mathrm{d}x\left(\int_0^\delta g(x)\mathrm{d}x\right)^{r-1}.\end{aligned}\tag{3.16.9}$$

由(3.16.8) 和(3.16.9) 即得(3.16.7). □

由定理 2.1.2，设 $F_1,F_2\geqslant 0$ 及 $F_1\in L^p(0,\infty)$，$F_2\in L^{p'}(0,\infty)$，$p>1$，$\dfrac{1}{p}+\dfrac{1}{p'}=1$，则

$$\left(\int_0^\infty F_1 F_2 \mathrm{d}x\right)^p \leqslant \int_0^\infty F_1^p \mathrm{d}x \left(\int_0^\infty F_2^{p'} \mathrm{d}x\right)^{p-1} (1-R_1^2(F_1,F_2))^{\theta(p)}, \tag{3.16.10}$$

其中

$$R_1(F_1,F_2) = \frac{\int_0^\infty F_1^p(x)e(x)\mathrm{d}x}{\int_0^\infty F_1^p(x)\mathrm{d}x} - \frac{\int_0^\infty F_2^{p'}(x)e(x)\mathrm{d}x}{\int_0^\infty F_2^{p'}(x)\mathrm{d}x},$$

$e(x)$,$\theta(x)$ 如定理 3.16.1 所设.

定理 3.16.1 的证明 先证 $\lambda=1$ 的情形. 当 $\lambda=1$ 时，有 $q'=p$ 及

$$G_1(x) = \frac{g^{\frac{1}{p}}(x)\int_0^x g(t)\left(\int_0^t g(\upsilon)\mathrm{d}\upsilon\right)^{-\alpha} F^{\frac{1}{p}}(f(t))\mathrm{d}t}{\left(\int_0^x g(t)\mathrm{d}t\right)^{1-\alpha}},$$

$$H_1 = \left(g(x)F(f(x))\right)^{\frac{1}{p}}.$$

当 X 充分大时，由分部积分及引理 2，我们有

$$\begin{aligned}
\int_0^X G_1^p(x)\mathrm{d}x &= \lim_{\delta\to 0}\int_\delta^X G_1^p(x)\mathrm{d}x \\
&= \frac{-1}{p(1-\alpha)-1}\lim_{\delta\to 0}\left\{\left(\int_0^x g(t)\mathrm{d}t\right)^{1-p(1-\alpha)}\right. \\
&\quad \left.\left[\int_0^x g(t)\mathrm{d}t\left(\int_0^t g(\upsilon)\mathrm{d}\upsilon\right)^{-\alpha} F^{\frac{1}{p}}(f(t))\mathrm{d}t\right]^p \Bigg|_\delta^X\right\} \\
&\quad + \frac{p}{p(1-\alpha)-1}\int_0^X \left(\int_0^x g(t)\mathrm{d}t\right)^{1-(1-\alpha)p} \\
&\quad \cdot \left[\int_0^x g(t)\left(\int_0^t g(\upsilon)\mathrm{d}\upsilon\right)^{-\alpha} F^{\frac{1}{p}}(f(t))\mathrm{d}t\right]^{p-1} g(x) \\
&\quad \cdot \left(\int_0^x g(t)\mathrm{d}t\right)^{-\alpha} F^{\frac{1}{p}}(f(x))\mathrm{d}x \\
&\leqslant \frac{p}{p(1-\alpha)-1}\int_0^X G_1^{p/p'}(x)H_1(x)\mathrm{d}x.
\end{aligned} \tag{3.16.11}$$

在(3.16.11) 中令 $X\to\infty$，又在(3.6.10) 中取 $F_1(x)=H_1(x)$，$F_2(x)=G_1^{p/p'}(x)$，可得

$$\begin{aligned}
\int_0^\infty H_1(x)G_1^{p/p'}(x)\mathrm{d}x &\leqslant \left(\int_0^\infty G_1^p(x)\mathrm{d}x\right)^{\frac{1}{p'}}\left(\int_0^\infty H_1^p(x)\mathrm{d}x\right)^{\frac{1}{p}} \\
&\quad \cdot \left(1-R^2(G_1,H_1)\right)^{\frac{\theta(p)}{p}}.
\end{aligned}$$

由(3.16.11)，有

$$\int_0^\infty G_1^p(x)\mathrm{d}x \leqslant \frac{p}{p(1-\alpha)-1}\Big(\int_0^\infty G_1^p(x)\mathrm{d}x\Big)^{\frac{1}{p}}\Big(\int_0^\infty H_1^p(x)\mathrm{d}x\Big)^{\frac{1}{p}} \cdot \big(1-R^2(G_1,H_1)\big)^{\frac{\theta(p)}{p}}.$$

所以

$$\int_0^\infty G_1^p(x)\mathrm{d}x \leqslant \Big(\frac{p}{p(1-\alpha)-1}\Big)^p \int_0^\infty H_1^p(x)\mathrm{d}x\big(1-R^2(G_1,H_1)\big)^{\theta(p)}. \tag{3.16.12}$$

(3.16.12) 式告诉我们：当 $\lambda=1$ 时，定理 3.16.1 成立. 现在再证 $0<\lambda<1$ 时的情形. 由假设 $\frac{1}{p}=1-\lambda+\frac{1}{q}$，再由 Hölder 不等式，我们有

$$\begin{aligned}
&\int_0^x g(t)\Big(\int_0^t g(v)\mathrm{d}v\Big)^{-\alpha\lambda} F^{\frac{1}{p}}(f(t))\mathrm{d}t \\
&= \int_0^x g(t)^{1-\lambda}F^{1-\lambda}(f(t))g^{\lambda}(t)\Big(\int_0^t g(v)\mathrm{d}v\Big)^{-\alpha\lambda} F^{\frac{1}{q}}(f(t))\mathrm{d}t \\
&\leqslant \Big(\int_0^x g(t)F(f(t))\mathrm{d}t\Big)^{1-\lambda}\Big[\int_0^x g(t)\Big(\int_0^t g(v)\mathrm{d}v\Big)^{-\alpha} F^{\frac{1}{\lambda q}}(f(t))\mathrm{d}t\Big]^{\lambda},
\end{aligned}$$

即有

$$\begin{aligned}
\int_0^\infty G_1^{q'}(x)\mathrm{d}x &\leqslant \Big(\int_0^\infty g(t)F(f(t))\mathrm{d}t\Big)^{(1-\lambda)q'} \\
&\quad \cdot \int_0^\infty g(x)\left[\frac{\int_0^x g(t)\Big(\int_0^t g(v)\mathrm{d}v\Big)^{-\alpha} F^{\frac{1}{\lambda q'}}(f(t))\mathrm{d}t}{\Big(\int_0^x g(t)\mathrm{d}t\Big)^{1-\alpha}}\right]^{\lambda q'}\mathrm{d}x \\
&= \Big(\int_0^\infty g(t)F(f(t))\mathrm{d}t\Big)^{(1-\lambda)q'}\int_0^\infty G_2^{\lambda q'}(x)\mathrm{d}x. \qquad (3.16.13)
\end{aligned}$$

因 $\lambda q'>1$，$\frac{1}{\lambda p'}+\frac{1}{\lambda q'}=1$，把 $\lambda q'$ 当成(3.16.12) 中的 p 看待，即有

$$\begin{aligned}
\int_0^\infty G_2^{\lambda q'}(x)\mathrm{d}x &\leqslant \Big[\frac{\lambda q'}{\lambda q'(1-\alpha)-1}\Big]^{\lambda q'}\int_0^\infty g(t)F(f(t))\mathrm{d}t \\
&\quad \cdot \big(1-R^2(G_2,H_1)\big)^{\theta(\lambda q')}. \qquad (3.16.14)
\end{aligned}$$

结合(3.16.13) 和(3.16.14) 即得定理 3.16.1 ($0<\lambda<1$) 的证明.

□

定理3.16.2的证明 如同定理3.16.1的证明，取充分大的正数 X，由引理 2 及分部积分，有

$$\begin{aligned}\int_0^X G_3^p(x)\,\mathrm{d}x &= \lim_{\delta\to 0}\int_\delta^X G_3^p(x)\,\mathrm{d}x \\ &= \frac{1}{1-r}\lim_{\delta\to 0}\left(\int_0^x g(t)F^{\frac{1}{p}}(f(t))\,\mathrm{d}t\right)^p\left(\int_0^x g(t)\,\mathrm{d}t\right)^{1-r}\Bigg|_\delta^X + \frac{p}{r-1} \\ &\quad\cdot\int_0^X\left(\int_0^x g(t)F^{\frac{1}{p}}(f(t))\,\mathrm{d}t\right)^{p-1}\left(\int_0^x g(t)\,\mathrm{d}t\right)^{1-r} g(x)F^{\frac{1}{p}}(f(x))\,\mathrm{d}x \\ &\leqslant \frac{p}{r-1}\int_0^X\left[g^{\frac{1}{p'}}(x)\left(\int_0^x g(t)\,\mathrm{d}t\right)^{-\frac{r}{p'}}\left(\int_0^x g(t)F^{\frac{1}{p}}(f(t))\,\mathrm{d}t\right)^{p-1}\right. \\ &\quad\left.\cdot\, g^{\frac{1}{p}}(x)\left(\int_0^x g(t)\,\mathrm{d}t\right)^{\frac{p-r}{p}}F^{\frac{1}{p}}(f(x))\right]\mathrm{d}x \\ &= \frac{p}{r-1}\int_0^X G_3^{p/p'}(x)H_2(x)\,\mathrm{d}x. \end{aligned}\tag{3.16.15}$$

在(3.16.15)中令 $X\to\infty$，再在(3.16.10)中取 $F_1 = H_2$，$F_2 = G_3^{p/p'}$，立刻可得

$$\int_0^\infty G_3^{p/p'}(x)H_2(x)\,\mathrm{d}x \leqslant \left(\int_0^\infty G_3^p(x)\,\mathrm{d}x\right)^{1-\frac{1}{p}}\left(\int_0^\infty H_2^p(x)\,\mathrm{d}x\right)^{\frac{1}{p}} \cdot\left(1-R^2(G_3,H_2)\right)^{\frac{\theta(p)}{p}}. \tag{3.16.16}$$

结合(3.16.15)和(3.15.16)，即得定理 3.16.2 的证明. □

注意，这一节 Hardy 不等式也可视为 Hilbert E 型积分不等式的推广，其 $K(x,y) = x^{-1}$，$0\leqslant y\leqslant x$；$K(x,y) = 0$，$x < y$. 我们的推广自然也是 Hilbert E 型积分不等式的推广.

推论 1　若在定理 3.16.1 中取 $\lambda = 1$，$\alpha = 0$，$g(x) = 1$，$F(y) = y$，记 $d(x) = \exp\left(\frac{1}{x}\int_0^x \log f(t)\,\mathrm{d}t\right)$，再令 $p\to\infty$，则有

$$\int_0^\infty d(x)\,\mathrm{d}x \leqslant e\int_0^\infty f(x)\,\mathrm{d}x\left(1-R^2(g,f)\right)^{\frac{1}{2}}. \tag{3.16.17}$$

相应地，有

推论 2　设 $a_n > 0$. 记 $B_n = \prod_{k=1}^n a_k^{1/n}$，则有

$$\sum_{n=1}^\infty B_n \leqslant e\sum_{n=1}^\infty a_n\left(1-R^2(B,a)\right)^{\frac{1}{2}}. \tag{3.16.18}$$

(3.16.18) 式为 Carleman 不等式的改进. (3.16.17),(3.16.18) 均为著者 1998 年所建[胡32].

这里要说明一下，如前所述演化，

$$R(f,d)=\frac{\int_0^\infty f(x)e(x)\mathrm{d}x}{\int_0^\infty f(x)\mathrm{d}x}-\frac{\int_0^\infty d(x)e(x)\mathrm{d}x}{\int_0^\infty d(x)\mathrm{d}x},$$

$$R(B,a)=\frac{\sum B_n e_n}{\sum B_n}-\frac{\sum a_n e_n}{\sum a_n}.$$

3.17 H_p 函数中 Hardy 之一定理的改进

设 $f(z)=\sum\limits_{n=0}^{\infty}a_n z^n\in H_1$, Hardy 证明了：

$$\sum_{n=0}^{\infty}\frac{|a_n|}{n+1}\leqslant\frac{1}{2}\int_{-\pi}^{\pi}|f(\mathrm{e}^{it})|\,\mathrm{d}t. \tag{3.17.1}$$

本节旨在改进 Hardy 不等式(3.17.1).

定理 3.17.1 设 $f(z)=\sum\limits_{n=0}^{\infty}a_n z^n\in H_1$, 则有

$$\left(\sum_{n=0}^{\infty}\frac{|a_n|}{n+\frac{1}{2}}\right)^2+\left(\frac{1}{\pi}\sum_{n=0}^{\infty}\frac{|a_n|}{\left(n+\frac{1}{2}\right)^2}\right)^2<\left(\frac{1}{2}\int_{-\pi}^{\pi}|f(\mathrm{e}^{it})|\,\mathrm{d}t\right)^2. \tag{3.17.2}$$

证 由 H_p 函数的分解定理，

$$f(z)=B(z)g(z)=B(z)g^{\frac{1}{2}}(z)g^{\frac{1}{2}}(z)=f_1(z)f_2(z),$$

其中 $B(z)$ 为 Blaschke 函数, $|B(z)|\leqslant 1$, 可见 $f_1,f_2\in H_2$. 设 $f_i(z)=\sum\limits_{n=0}^{\infty}a_n^{(i)}z^n$, $i=1,2$. 因

$$\sum_{n=0}^{\infty}|a_n^{(i)}|^2=\frac{1}{2\pi}\int_0^{2\pi}|f_i(\mathrm{e}^{it})|^2\mathrm{d}t=\frac{1}{2\pi}\int_0^{2\pi}|f(\mathrm{e}^{it})|\,\mathrm{d}t, \tag{3.17.3}$$

又由假设 $f=f_1f_2$, 所以

$$\sum_{n=0}^{\infty}\frac{|a_n|}{\left(n+\frac{1}{2}\right)^i}\leqslant\sum_{n=0}^{\infty}\sum_{r+s=n}\frac{|a_r^{(1)}||a_s^{(2)}|}{\left(r+s+\frac{1}{2}\right)^i}=\sum_{r,s=0}^{\infty}\frac{|a_r^{(1)}||a_s^{(2)}|}{\left(r+s+\frac{1}{2}\right)^i}$$

$$=S_i(|a^{(1)}|,|a^{(2)}|).$$

由定理 3.4.1 即得(3.17.2) 式. □

这里我们只粗略运用了定理 3.4.1，如果需要精密一点的结果，就要严格运用定理 3.4.1. 如果利用定理 3.3.2、定理3.3.3，我们又可得到另外一种形式的 Hardy 不等式的改进. 我们在此只是举例说明，改进后的 Hilbert，Ingham 不等式在 H_p 函数中有其用处. 这里不详细考虑它的精密性，故不多阐述.

3.18　H_p 函数中 Fejer-Riesz 不等式的改进与推广[胡24],[胡25]

设 $f(z)=\sum\limits_{k=0}^{\infty}a_kz^k$ 在单位圆盘 $|z|<1$ 内解析且 $\in H_p$，则有

$$\int_{-1}^{1}|f(x)|^p\mathrm{d}x\leqslant\frac{1}{2}\int_{-\pi}^{\pi}|f(\mathrm{e}^{i\theta})|^p\mathrm{d}\theta. \tag{3.18.1}$$

这就是著名的 Fejer-Riesz 不等式. 这一节我们来推广它，这也是著者多年研究所得.

定理 3.18.1　设 $f(z)=\sum\limits_{k=0}^{\infty}a_kz^k$ 在单位圆盘 $|z|<1$ 内解析且 $\in H_p$，则

$$\left\{\left(\int_{-1}^{1}|f(x)|^p\mathrm{d}x\right)^2+\left[\frac{1}{2\pi}\int_{-\pi}^{\pi}t\left(|f(-\mathrm{e}^{it})|^p-|f(\mathrm{e}^{it})|^p\right)\mathrm{d}t\right]^2\right\}^2$$
$$+\left(\frac{2}{\pi}\int_{-\pi}^{\pi}|f(\mathrm{e}^{it})|^p\mathrm{d}t\int_0^1\frac{1}{y}\int_0^y|f(x)|^p\mathrm{d}x\mathrm{d}y\right)^2$$
$$\leqslant\left(\frac{1}{2}\int_{-\pi}^{\pi}|f(\mathrm{e}^{it})|^p\mathrm{d}t\right)^4. \tag{3.18.2}$$

证　先证 $p=2$ 的情形，在定理 3.7.1 的(3.7.1) 式中令 $n\to\infty$，并取 $b_k=\overline{a_k}$，则有

$$(|T(a,\bar{a})|^2+|S(a,\bar{a})|^2)^2+4^2(\|a\|S_{2,1}(a,\bar{a}))^2\leqslant\pi^4\|a\|^4, \tag{3.18.3}$$

$$T(a,\bar{a})=\frac{1}{2\pi}\int_{-\pi}^{\pi}t(|f(-e^{it})|^2-|f(e^{it})|^2)dt, \tag{3.18.4}$$

$$\left.\begin{aligned}S(a,\bar{a})&=\int_{-1}^{1}|f(x)|^2dx,\\ S_{2,1}(a,\bar{a})&=\int_0^1 y^{-1}\int_0^y|f(x)|^2dxdy.\end{aligned}\right\} \tag{3.18.5}$$

将(3.18.4),(3.18.5)代入(3.18.3)，即得(3.18.2)式当 $p=2$ 时的证明.

若 $p\neq 2$，由分解定理 $f(z)=B(z)g(z)$，$B(z)$ 为 Blashke 函数及 $g(z)\neq 0$，当 $|z|<1$ 时 $|B(z)|<1$，而 $|B(e^{it})|=1$ a.e.，$t\in[-\pi,\pi]$，因

$$\left.\begin{aligned}\int_{-\pi}^{\pi}t(|f(-e^{it})|^p-|f(e^{it})|^p)dt&=\int_{-\pi}^{\pi}t(|g(-e^{it})|^p-|g(e^{it})|^p)dt,\\ \int_{-1}^{1}|f(x)|^pdx&\leqslant\int_{-1}^{1}|g(x)|^pdx,\\ \int_0^1\frac{1}{y}\int_0^y|f(x)|^pdxdy&\leqslant\int_0^1\frac{1}{y}\int_0^y|g(x)|^pdxdy,\\ \int_{-\pi}^{\pi}|f(e^{it})^p|dt&=\int_{-\pi}^{\pi}|g(e^{it})^p|dt,\end{aligned}\right\} \tag{3.18.6}$$

记(3.18.2)之左边为 $\Phi(f)$，因 $g\neq 0$，$g^{\frac{p}{2}}\in H_2$，所以有

$$\Phi(g)\leqslant\left(\frac{1}{2}\int_{-\pi}^{\pi}|g(e^{it})|^pdt\right)^4=\left(\frac{1}{2}\int_{-\pi}^{\pi}|f(e^{it})|^pdt\right)^4. \tag{3.18.7}$$

但

$$\Phi(f)\leqslant\Phi(g), \tag{3.18.8}$$

所以定理成立. □

现在来推广改进的 Fejer-Riesz 定理.

定理 3.18.2 设 $f(z)=\sum\limits_{k=0}^{\infty}a_kz^k$ 在单位圆盘 $|z|<1$ 内解析，则

$$\begin{aligned}&\left[\frac{1}{2\pi}\int_{-\pi}^{\pi}t(|f(-e^{it})|^p+|f(e^{it})|^p)dt\right]^2\\ &\qquad+\left(\sin\frac{\lambda\pi}{2}\int_{-1}^{1}|x|^{\lambda-1}|f(x)|^pdx\right)^2\\ &\leqslant\left(\frac{1}{2}\int_{-\pi}^{\pi}|f(e^{it})|^pdt\right)^2,\quad 0<\lambda\leqslant 1,\end{aligned} \tag{3.18.9}$$

$$4^{-2}\cos^{-2}\frac{\lambda\pi}{2}\left(\frac{1}{2}\int_{-\pi}^{\pi}e^{i\lambda_2 t}(|f(-e^{it})|^p+|f(e^{it})|^p)dt\right)^2$$
$$+\left(\sin\frac{\lambda\pi}{2}\int_{-1}^{1}|x|^{\lambda-1}|f(x)|^p dx\right)^2$$
$$\leqslant\left(\frac{1}{2}\int_{-\pi}^{\pi}|f(e^{it})|^p dt\right)^2, \qquad (3.18.10)$$

其中 $0<\lambda<1$，$\lambda_2=\lambda-2\lambda_1$，$\lambda_1\in E_+$.

证　因为(3.18.9) 与(3.18.10) 的证明方法完全相同，在此只给出(3.18.10) 的证明，在定理 3.6.1 的(3.6.1) 式中取 $\lambda'=2\lambda_1$，$\lambda_1=1,2,3,\cdots$. 对任意复数 x，有

$$2\sin\frac{\lambda\pi}{2}\sum_{l,m=0}^{\infty}\frac{x_l\,\overline{x_m}}{2l+2m+\lambda}\leqslant\left[\left(\pi\sum_{l,m=0}^{\infty}|x_k|^2\right)^2-\left(\sin\frac{\lambda\pi}{2}T_{\lambda_2/2}(x,\bar{x})\right)^2\right]^{\frac{1}{2}},$$
$$0<\lambda<1. \qquad (3.18.11)$$

取

$$f(z)=\sum_{n=0}^{\infty}a_n z^n=\sum_{n=0}^{\infty}a_{2n}z^{2n}+\sum_{n=0}^{\infty}a_{2n+1}z^{2n+1}$$
$$=f_1(z)+f_2(z),$$

则由(3.18.11)，有

$$2\sin\frac{\lambda\pi}{2}\sum_{l,m=0}^{\infty}\frac{a_{2l}\,\overline{a_{2m}}}{2l+2m+\lambda}$$
$$\leqslant\left[\left(\pi\sum_{k=0}^{\infty}|a_{2k}|^2\right)^2-\sin^2\frac{\lambda\pi}{2}\left|\sum_{k,m=0}^{\infty}\frac{a_{2k}\,\overline{a_{2m}}}{\frac{\lambda}{2}+k-m}\right|^2\right]^{\frac{1}{2}}, \qquad (3.18.12)$$

$$2\sin\frac{\lambda\pi}{2}\sum_{l,m=0}^{\infty}\frac{a_{2l+1}\,\overline{a_{2m+1}}}{2l+2m+\lambda}$$
$$\leqslant\left[\left(\pi\sum_{k=0}^{\infty}|a_{2k+1}|^2\right)^2-\sin^2\frac{\lambda\pi}{2}\left|\sum_{k,m=0}^{\infty}\frac{a_{2k+1}\,\overline{a_{2m+1}}}{\frac{\lambda}{2}+k-m}\right|^2\right]^{\frac{1}{2}}. \qquad (3.18.13)$$

但

$$\int_0^1 x^{\lambda-1}|f_1(x)|^2 dx=\sum_{l,m=0}^{\infty}\frac{a_{2l}\,\overline{a_{2m}}}{2l+2m+\lambda}, \qquad (3.18.14)$$
$$\int_0^1 x^{\lambda-1}|f_1(x)|^2 dx<\int_0^1 x^{\lambda-3}|f_2(x)|^2 dx$$
$$=\sum_{l,m=0}^{\infty}\frac{a_{2l+1}\,\overline{a_{2m+1}}}{2l+2m+\lambda}, \qquad (3.18.15)$$

$$2\int_0^1 x^{\lambda-1}|f_1(x)|^2\mathrm{d}x+2\int_0^1 x^{\lambda-1}|f_2(x)|^2\mathrm{d}x$$

$$=\int_{-1}^1 x^{\lambda-1}|f(x)|^2\mathrm{d}x, \tag{3.18.16}$$

$$\int_{-\pi}^{\pi}|f_1(\mathrm{e}^{it})|^2\mathrm{d}t+\int_{-\pi}^{\pi}|f_2(\mathrm{e}^{it})|^2\mathrm{d}t=\int_{-\pi}^{\pi}|f(\mathrm{e}^{it})|^2\mathrm{d}t, \tag{3.18.17}$$

$$\frac{1}{2}\left|\int_{-\pi}^{\pi}\mathrm{e}^{it\lambda_2}(|f(-\mathrm{e}^{it})|^2+|f(\mathrm{e}^{it})|^2)\mathrm{d}t\right|$$

$$=\left|\int_{-\pi}^{\pi}\mathrm{e}^{it\lambda_2}(|f_1(-\mathrm{e}^{it})|^2+|f_2(\mathrm{e}^{it})|^2)\mathrm{d}t\right|$$

$$=\sin\lambda\pi\left|\sum_{k,m=0}^{\infty}\frac{a_{2k+1}\overline{a_{2m-1}}}{\frac{\lambda_2}{2}+k-m}+\sum_{k,m=0}^{\infty}\frac{a_{2k}\overline{a_{2m}}}{\frac{\lambda_2}{2}+k-m}\right|, \tag{3.18.18}$$

$$(A_+A_-)^{\frac{1}{2}}+(B_+B_-)^{\frac{1}{2}}\leqslant(A_++B_+)^{\frac{1}{2}}(A_-+B_-)^{\frac{1}{2}},$$

$$A_\pm,B_\pm\geqslant 0, \tag{3.18.19}$$

(3.18.12) 和(3.18.13) 相加，当 $p=2$ 时，不等式(3.18.10) 即由(3.18.19) 和(3.18.14) ~ (3.18.18) 得出.

若 $p\neq 2$，和定理 3.18.1 的证明一样. 由分解定理得 $f(z)=B(z)g(z)$ 的 $B(z)$ 与 $g(z)$ 的性质，有如下的关系式:

$$\int_{-\pi}^{\pi}|f(\mathrm{e}^{it})^p|\mathrm{d}t=\int_{-\pi}^{\pi}|g(\mathrm{e}^{it})^p|\mathrm{d}t, \tag{3.18.20}$$

$$\int_{-1}^1|x|^{\lambda-1}|f(x)|^p\mathrm{d}x\leqslant\int_{-1}^1|x|^{\lambda-1}|g(x)|^p\mathrm{d}x, \tag{3.18.21}$$

$$\int_{-\pi}^{\pi}\mathrm{e}^{it\lambda_2}(|f(-\mathrm{e}^{it})|^p+|f(\mathrm{e}^{it})|^p)\mathrm{d}t$$

$$=\int_{-\pi}^{\pi}\mathrm{e}^{it\lambda_2}(|g(-\mathrm{e}^{it})|^p+|g(\mathrm{e}^{it})|^p)\mathrm{d}t. \tag{3.18.22}$$

因为 $g^{\frac{p}{2}}\in H_2$，已证 $p=2$ 时，(3.18.10) 成立，所以对于 $p\neq 2$，函数 $g(z)$ 使(3.18.10) 成立. 记(3.18.10) 式左边的项为 $\Phi(f)$，再由(3.18.20)，(3.18.21)，(3.18.22)，有

$$\Phi(f)\leqslant\Phi(g)\leqslant\left(\frac{1}{2}\int_{-\pi}^{\pi}|g(\mathrm{e}^{it})|^p\mathrm{d}t\right)^2$$

$$=\left(\frac{1}{2}\int_{-\pi}^{\pi}|f(\mathrm{e}^{it})|^p\mathrm{d}t\right)^2. \tag{3.18.23}$$

证毕. □

3.19 Hilbert B 型不等式又一种推广与改进

Hilbert B 型不等式：

$$\left|\sum_{\substack{m,n=0\\m\neq n}}^{N}\frac{a_m b_n}{m-n}\right|^2\leqslant\pi^2\sum_{m=0}^{N}|a_m|^2\sum_{n=0}^{N}|b_n|^2.$$

我们在前面将其与 Ingham 不等式放在同一公式中予以改进. 此节介绍其另一种形式的推广，在解析数论上它是有用的工具.

定理 3.19.1[潘1] 设 $\delta>0$，$x_1<x_2<\cdots<x_n$，$x_{l+1}-x_l\geqslant\delta$，$1\leqslant l\leqslant N-1$，则

$$I=\left|\sum_{\substack{l,m=1\\l\neq m}}^{N}a_l\overline{a_m}(x_l-x_m)^{-1}\right|\leqslant\delta^{-1}\pi\sum_{k=1}^{N}|a_k|^2.\qquad(3.19.1)$$

先介绍一代数定理：

设 $\mathscr{A}$ 为 N 阶 Hermite 矩阵(即 $\mathscr{A}'=\overline{\mathscr{A}}$). $\lambda_1,\lambda_2,\cdots,\lambda_N$ 为它的特征根，$|\lambda_1|=\max|\lambda_k|$. 那么 λ_k 均为实数，且存在向量 $\boldsymbol{u}=(u_1,u_2,\cdots,u_N)$，满足 $\|\boldsymbol{u}\|=1$，$\mathscr{A}\boldsymbol{u}=\lambda_1\boldsymbol{u}$，使得

$$|\overline{\boldsymbol{u}}'\mathscr{A}\boldsymbol{u}|=\max_{|\boldsymbol{x}|=1}|\overline{\boldsymbol{x}}'\mathscr{A}\boldsymbol{x}|.\qquad(3.19.2)$$

定理 3.19.1 的证明 取 $c_{m,n}=-\mathrm{i}(x_n-x_m)^{-1}$，$n\neq m$；$c_{m,m}=0$，$m,n=1,2,\cdots,N$，所以 $\mathscr{A}=(c_{m,n})$ 为 Hermite 矩阵. 不妨设 $\|\boldsymbol{a}\|=1$，否则作变换 $a_k/\|\boldsymbol{a}\|$ 即可. 由 Cauchy 不等式，

$$\begin{aligned}I^2&=\left|\sum_{\substack{l,m=1\\l\neq m}}^{N}a_l\overline{a_m}(x_l-x_m)^{-1}\right|^2\\&\leqslant\left(\sum_{l}|a_l|^2\right)\left[\sum_{l}\left|\sum_{m\neq l}a_m(x_l-x_m)^{-1}\right|^2\right]\\&=\sum_{l}\left|\sum_{m\neq l}a_m(x_l-x_m)^{-1}\right|^2=I_1.\end{aligned}\qquad(3.19.3)$$

易见

$$\begin{aligned}I_1=&\sum_{m}|a_m|^2\sum_{l\neq m}(x_l-x_m)^{-2}+\sum_{m\neq n}a_m\overline{a_n}(x_m-x_n)^{-1}\\&\cdot\sum_{l\neq m,n}[(x_l-x_m)^{-1}-(x_l-x_n)^{-1}]\\=&\Sigma_1+\Sigma_2,\end{aligned}\qquad(3.19.4)$$

$$\begin{aligned}\Sigma_2 &= \sum_{m\neq n} \overline{a_m} a_n (x_m - x_n)^{-1} \sum_{l\neq n} (x_l - x_n)^{-1} \\ &\quad - \sum_{m\neq n} \overline{a_m} a_n (x_m - x_n)^{-1} \sum_{l\neq m} \frac{1}{x_l - x_m} \\ &\quad + 2\sum_{m\neq n} \overline{a_m} a_n (x_n - x_m)^{-2} \\ &= \Sigma_3 - \Sigma_4 + 2\Sigma_5. \end{aligned} \tag{3.19.5}$$

由上述代数定理得

$$\sum_{n\neq m} a_n (x_n - x_m)^{-1} = \mathrm{i}\lambda_1 a_m, \quad 1 \leqslant m \leqslant N. \tag{3.19.6}$$

因而有

$$\left.\begin{aligned} \Sigma_3 &= -\mathrm{i}\lambda_1 \sum_m |a_m|^2 \Big[\sum_{l\neq m} (x_l - x_m)^{-1}\Big], \\ \Sigma_4 &= -\mathrm{i}\lambda_1 \sum_n |a_n|^2 \Big[\sum_{l\neq n} (x_l - x_n)^{-1}\Big]. \end{aligned}\right\} \tag{3.19.7}$$

所以

$$|\Sigma_2| \leqslant 2|\Sigma_5| \leqslant \sum_{m\neq n} (|a_m|^2 + |a_n|^2)(x_m - x_n)^{-2}. \tag{3.19.8}$$

由条件知

$$|x_l - x_m| \geqslant |l - m|\delta,$$

因而有

$$\sum_{l\neq m} (x_l - x_m)^{-2} \leqslant 2\delta^{-2} \sum_{n=1}^{\infty} \frac{1}{n^2} = \frac{\pi^2 \delta^{-2}}{3}. \tag{3.19.9}$$

(3.19.4),(3.19.8)和(3.19.9)结合，即得定理. □

下面指出定理 3.18.2 是可以改进的.

定理 3.19.2 同定理 3.18.1 所设，有

$$\Big|\sum_{\substack{l,m=1\\ l\neq m}}^{N} a_l \overline{a_m} (x_l - x_m)^{-1}\Big|^2 + \frac{3}{\delta^2} \sum_{l,m=0}^{N} \frac{a_l \overline{a_m}}{(l+m-1)^2} \leqslant \frac{\pi^2}{\delta^2} \Big(\sum_{k=1}^{N} |a_k|^2\Big)^2. \tag{3.19.10}$$

证 注意如下事实：

$$\sum_{\substack{l,m=1\\ l\neq m}}^{N} \frac{|a_m|^2}{(l-m)^2} + \sum_{l,m=1}^{N} \frac{|a_m|^2}{(l+m-1)^2} \leqslant 2\sum_{m=1}^{N} |a_m|^2 \sum_{n=1}^{\infty} \frac{1}{n^2}, \tag{3.19.11}$$

又

$$\Big|\sum_{\substack{l,m=1\\l\neq m}}^{N}a_l\overline{a_m}(x_l-x_m)^{-1}\Big|^2\leqslant\frac{3}{\delta}\sum_{\substack{l,m=1\\l\neq m}}^{N}\frac{|a_m|^2}{(l-m)^2},\qquad(3.19.12)$$

而

$$\sum_{l,m=1}^{N}\frac{a_l\overline{a_m}}{(l+m-1)^2}\leqslant\frac{1}{2}\sum_{l,m=1}^{N}\frac{|a_m|^2}{(l+m-1)^2}+\frac{1}{2}\sum_{l,m=1}^{N}\frac{|a_l|^2}{(l+m-1)^2}$$
$$=\sum_{l,m=1}^{N}\frac{|a_m|^2}{(l+m-1)^2},\qquad(3.19.13)$$

所以由(3.19.11)即得定理的证明. □

定理3.19.1要求$x_1,x_2,\cdots,x_N$两两间隔、下界相等，这在应用上有局限性. 为更有效地应用，解析数论专家修改了此条件，证明了：

定理3.19.3 设$x_1<x_2<\cdots<x_N$, $\lim\limits_{m\neq l}|x_l-x_m|\geqslant\delta_l\geqslant 0$, $1\leqslant l\leqslant N$，则

$$\Big|\sum_{l\neq m}a_l\overline{a_m}(x_l-x_m)^{-1}\Big|\leqslant C\sum_k\delta_k^{-1}|a_k|^2.\qquad(3.19.14)$$

其中$C^2\leqslant 19.814$.

有人猜测，C应取π. 到现在这还是一个未解决的问题. 定理3.19.2证明复杂，我们就介绍到此，读者如有兴趣，可参考有关书籍.

3.20 Hilbert A 型不等式匡继昌的一种推广[J1′]

定理3.20.1 设$a_n,b_n\geqslant 0$, $\alpha_n,\beta_n>0$, $\frac{1}{p}+\frac{1}{q}=1$. 记

$$f_N(x)=\mathrm{e}^{-x}\sum_{m=0}^{N}a_m\frac{x^{\alpha_m-\frac{1}{2}}}{\Gamma\left(\alpha_m+\frac{1}{2}\right)},$$

$$g_N(x)=\mathrm{e}^{-x}\sum_{n=0}^{N}b_n\frac{x^{\beta_n-\frac{1}{2}}}{\Gamma\left(\beta_n+\frac{1}{2}\right)}.$$

若$1<p<\infty$，则

$$\sum_{m=0}^{N}\sum_{n=0}^{N}\frac{a_mb_n}{\alpha_m+\beta_n}\leqslant\frac{\pi}{\sin(\pi/p)}\|f_N\|_p^{1/p}\|g_N\|_q^{1/q}.\qquad(3.20.1)$$

证 令

$$S_N(x)=\sum_{m=0}^{N}a_m x^{\alpha_m-\frac{1}{2}},\quad \sigma_N(x)=\sum_{n=0}^{N}b_n x^{\beta_n-\frac{1}{2}}.$$

则由 $\Gamma(x)$ 的定义和 $u=xt$，有

$$\begin{aligned}S_N(x)&=\int_0^\infty e^{-t}\left(\sum_{m=0}^{N}a_m\frac{(xt)^{\alpha_m-\frac{1}{2}}}{\Gamma\left(\alpha_m+\frac{1}{2}\right)}\right)dt\\&=\frac{1}{x}\int_0^\infty e^{-\frac{u}{x}}\left(\sum_{m=0}^{N}a_m\frac{u^{\alpha_m-\frac{1}{2}}}{\Gamma\left(\alpha_m+\frac{1}{2}\right)}\right)du\\&=\frac{1}{x}\int_0^\infty e^{u\left(1-\frac{1}{x}\right)}f_N(u)du.\end{aligned}$$

同样有

$$\sigma_N(x)=\frac{1}{x}\int_0^\infty e^{u\left(1-\frac{1}{x}\right)}g_N(u)du.$$

取 $y=\frac{1}{x}-1$. 则有

$$\begin{aligned}\sum_{m=0}^{N}\sum_{n=0}^{N}\frac{a_m b_n}{\alpha_m+\beta_n}&=\int_0^1 S_N(x)\sigma_N(x)dx\\&=\int_0^1\frac{1}{x^2}\left[\int_0^\infty e^{u\left(1-\frac{1}{x}\right)}f_N(u)du\right]\left[\int_0^\infty e^{u\left(1-\frac{1}{x}\right)}g_N(u)du\right]dx\\&=\int_0^\infty\left(\int_0^\infty e^{-uy}f_N(u)du\right)\left(\int_0^\infty e^{-uy}g_N(u)du\right)dy\\&=\int_0^\infty\left(\int_0^\infty e^{-uy}f_N(u)y^{\frac{1}{q^2}-\frac{1}{p^2}}du\right)\left(\int_0^\infty e^{-uy}g_N(u)y^{\frac{1}{p^2}-\frac{1}{q^2}}du\right)dy.\end{aligned}\tag{3.20.2}$$

由 Hölder 不等式，得

$$\begin{aligned}&\int_0^\infty e^{-uy}f_N(u)y^{\frac{1}{q^2}-\frac{1}{p^2}}du\\&=\int_0^\infty\left(e^{-uy}f_N^p(u)y^{-\frac{1}{p}}u^{\frac{1}{q}}du\right)^{\frac{1}{p}}\left(e^{-uy}u^{-\frac{1}{p}}y^{\frac{1}{q}}\right)^{\frac{1}{q}}du\\&\leqslant\left(\int_0^\infty e^{-uy}f_N^p(u)y^{-\frac{1}{p}}u^{\frac{1}{q}}du\right)^{\frac{1}{p}}\left(\int_0^\infty e^{-uy}u^{-\frac{1}{p}}y^{\frac{1}{q}}du\right)^{\frac{1}{q}}\\&=\Gamma\left(\frac{1}{q}\right)^{\frac{1}{q}}\left(\int_0^\infty e^{-uy}f_N^p(u)y^{-\frac{1}{p}}u^{\frac{1}{q}}du\right)^{\frac{1}{p}}\end{aligned}\tag{3.20.3}$$

和

$$\int_0^\infty \mathrm{e}^{-uy} g_N(u) y^{\frac{1}{p^2}-\frac{1}{q^2}} \mathrm{d}u \leqslant \Gamma\left(\frac{1}{p}\right)^{\frac{1}{p}} \left(\int_0^\infty \mathrm{e}^{-uy} g_N^q(u) y^{-\frac{1}{q}} u^{\frac{1}{p}} \mathrm{d}u\right)^{\frac{1}{q}}. \tag{3.20.4}$$

因而

$$\begin{aligned}\sum_{m=0}^N \sum_{n=0}^N \frac{a_m b_n}{\alpha_m + \beta_n} &\leqslant \Gamma\left(\frac{1}{q}\right)^{\frac{1}{q}} \Gamma\left(\frac{1}{p}\right)^{\frac{1}{p}} \int_0^\infty \left[\left(\int_0^\infty \mathrm{e}^{-uy} f_N^p(u) y^{-\frac{1}{p}} u^{\frac{1}{q}} \mathrm{d}u\right)^{\frac{1}{p}}\right. \\ &\quad \left.\cdot \left(\int_0^\infty \mathrm{e}^{-uy} g_N^q(u) y^{-\frac{1}{q}} u^{\frac{1}{p}} \mathrm{d}u\right)^{\frac{1}{q}}\right] \mathrm{d}y \\ &\leqslant \Gamma\left(\frac{1}{q}\right)^{\frac{1}{q}} \Gamma\left(\frac{1}{p}\right)^{\frac{1}{p}} \left[\int_0^\infty \left(\int_0^\infty \mathrm{e}^{-uy} f_N^p(u) y^{-\frac{1}{p}} u^{\frac{1}{q}} \mathrm{d}u\right) \mathrm{d}y\right]^{\frac{1}{p}} \\ &\quad \cdot \left[\int_0^\infty \left(\int_0^\infty \mathrm{e}^{-uy} g_N^q(u) y^{-\frac{1}{q}} u^{\frac{1}{p}} \mathrm{d}u\right) \mathrm{d}y\right]^{\frac{1}{q}}. \end{aligned} \tag{3.20.5}$$

可见

$$\int_0^\infty \left(\int_0^\infty \mathrm{e}^{-uy} f_N^p(u) y^{-\frac{1}{p}} u^{\frac{1}{q}} \mathrm{d}u\right) \mathrm{d}y = \int_0^\infty u^{\frac{1}{q}} f_N^p(u) \left(\int_0^\infty \mathrm{e}^{-uy} y^{-\frac{1}{p}} \mathrm{d}y\right) \mathrm{d}u.$$

令 $z = uy$，有

$$\int_0^\infty f_N^p(u) \left(\int_0^\infty \mathrm{e}^{-z} z^{-\frac{1}{p}} \mathrm{d}z\right) \mathrm{d}u = \Gamma\left(\frac{1}{q}\right) \| f_N \|_p. \tag{3.20.6}$$

同样有

$$\int_0^\infty \left(\int_0^\infty \mathrm{e}^{-uy} g_N^q(u) y^{-\frac{1}{q}} u^{\frac{1}{p}} \mathrm{d}u\right) \mathrm{d}y = \Gamma\left(\frac{1}{p}\right) \| g_N \|_q. \tag{3.20.7}$$

将(3.20.6)和(3.20.7)代入(3.20.5)，注意 $\Gamma\left(\frac{1}{q}\right)\Gamma\left(\frac{1}{p}\right) = \frac{\pi}{\sin(\pi/p)}$，即得定理的证明. □

对于 Hilbert 型不等式的研究，适当变动 $K(x,y)$, $K(m,n)$ 和适当变动 Hilbert 型积分不等式的上下限，均可获得新的成果. 在我国有许多数学专家在这方面取得了一些优秀成果，并已在国内外发表，例如匡继昌、杨必成、高明哲等. 限于本书的篇幅，在此就不阐述了.

第4章

凸函数的若干不等式及其有关不等式

与凸函数有关的不等式是基础数学理论的重要工具，我们在此章先介绍已有的凸函数的重要性质，然后介绍将函数的积分表示式改写成另一种形式. 特别值得注意的是，几何平均与算术平均不等式为 Jensen 不等式的特例，应用它可以改进一些重要的不等式. 在此还要指出，Steffensen 不等式是可以用来改进 Jensen 不等式的.

4.1 凸函数的概念及其基本性质

1. 凸函数的定义及 Jensen 不等式

定义 设 $f(x)$ 定义在$[a,b]$上. 若对任意的 $x,y\in[a,b]$ 及任意的 $\alpha\in[0,1]$，有

$$f(\alpha x+(1-\alpha)y)\leqslant\alpha f(x)+(1-\alpha)f(y),\tag{4.1.1}$$

则称 $f(x)$ 为$[a,b]$上的**凸函数**.

定理 4.1.1 (Jensen) 设 $f(x)$ 为(4.1.1)定义的凸函数，则对任意的实数 $\alpha_i\geqslant 0$，$\sum\limits_{i=1}^{n}\alpha_i=1$，$x\in[a,b]$，有

$$f\Big(\sum_{i=1}^{n}\alpha_i x_i\Big)\leqslant\sum_{i=1}^{n}\alpha_i f(x_i).$$

证 设 $\Lambda_k=\sum\limits_{i=1}^{k}\lambda_i$，$\alpha_i=\dfrac{\lambda_i}{\Lambda_n}$，$\lambda_i\geqslant 0$，则

$$f\Big(\frac{1}{\Lambda_k}\sum_{i=1}^{k}\lambda_i x_i\Big)=f\Bigg(\frac{\sum\limits_{i=1}^{k-1}\lambda_i x_i}{\Lambda_{k-1}}\cdot\frac{\Lambda_{k-1}}{\Lambda_k}+\frac{\lambda_k}{\Lambda_k}x_k\Bigg)$$

$$\leqslant \frac{\Lambda_{k-1}}{\Lambda_k} f\left(\frac{\sum_{i=1}^{k-1}\lambda_i x_i}{\Lambda_{k-1}}\right) + \frac{\lambda_k}{\Lambda_k} f(x_k). \quad (4.1.2)$$

再用归纳法即得定理的证明. □

2. 函数为凸的必要充分条件

定理 4.1.2　函数 $f(x)$ 在 $[a,b]$ 上为凸的必要充分条件是：对于 $x_i \in [a,b]$，$i = 1,2,3$ 及 $x_1 < x_2 < x_3$，有

$$A = \begin{vmatrix} x_1 & f(x_1) & 1 \\ x_2 & f(x_2) & 1 \\ x_3 & f(x_3) & 1 \end{vmatrix} \geqslant 0. \quad (4.1.3)$$

证　在(4.1.1)中，取 $x = x_1$，$y = x_3$，$\alpha x + (1-\alpha)y = x_2$，便得

$$f(x_2) = f(\alpha x_1 + (1-\alpha)x_3) \leqslant \alpha f(x_1) + (1-\alpha)f(x_3)$$

$$= \frac{x_3 - x_2}{x_3 - x_1} f(x_1) + \frac{x_2 - x_1}{x_3 - x_1} f(x_3). \quad (4.1.4)$$

此即(4.1.3). 反之 $x_1 = x$，$x_3 = y$ 及 $x_2 = \alpha x + (1-\alpha)y$，展开(4.1.3)便得

$$f(\alpha x + (1-\alpha)y) \leqslant \alpha f(x) + (1-\alpha)f(y).$$ □

注意：$\frac{1}{2}A$ 表示以 $(x_i, f(x_i))$ $(i = 1,2,3)$ 三顶点所成三角形的面积.

定理 4.1.3　设 $f(x)$ 在 $[a,b]$ 内有二阶导数，则 $f(x)$ 为凸函数的必要充分条件是 $f''(x) \geqslant 0$.

证　先设 $f''(x) > 0$，令 x_1, x_2 为 $[a,b]$ 内任意两点. $X = \alpha x_1 + (1-\alpha)x_2$，则

$$f(x_1) = f(X) + (x_1 - X)f'(X) + \frac{1}{2}(x_1 - X)^2 f''(\zeta_1), \quad \zeta_1 \in (a,b);$$

$$f(x_2) = f(X) + (x_2 - X)f'(X) + \frac{1}{2}(x_2 - X)^2 f''(\zeta_2), \quad \zeta_2 \in (a,b).$$

上面两式相加便得

$$\alpha f(x_1)+(1-\alpha)f(x_2)=f(\alpha x_1+(1-\alpha)x_2)+\frac{\alpha}{2}(x_1-X)^2 f''(\zeta_1)$$
$$+\frac{1-\alpha}{2}(x_2-X)^2 f''(\zeta_2)$$
$$\geqslant f(\alpha x_1+(1-\alpha)x_2).$$

所以当 $f''(x)\geqslant 0$ 时，函数 f 为凸的.

现证当 f 为凸，f'' 存在时，必有 $f''\geqslant 0$. 将(4.1.3)写成

$$\frac{\dfrac{f(x_3)-f(x_2)}{x_3-x_2}-\dfrac{f(x_2)-f(x_1)}{x_2-x_1}}{x_3-x_1}\geqslant 0. \tag{4.1.5}$$

令 $x_2=x$, $h>0$, $x_1=x-h$, $x_3=x+h$, 取 $F(x)=f(x+h)-f(x)$, 则(4.1.5)可写成

$$\frac{F(x)-F(x-h)}{2h^2}\geqslant 0. \tag{4.1.6}$$

由中值定理，存在 $\zeta\in[x-h,x]$, 使

$$F(x)-F(x-h)=hF'(\zeta)=(f'(\zeta+h)-f'(\zeta))h.$$

再用一次中值定理，便得

$$F(x)-F(x-h)=h^2 f''(\zeta_1),$$

此即说明(4.1.3)成立，因此 $f''(x)\geqslant 0$. □

3. 凸函数的积分表示[Z1]

定理 4.1.4　设 $x\in[a,b]$, $-\infty<a<b<\infty$, $f(x)$ 为凸函数的充分必要条件是：$f(x)$ 为一非减可积函数的不定积分，积分区间为 (a,b)，即

$$f(x)=f(a)+\int_a^x s(t)\mathrm{d}t,\quad x\in(a,b), \tag{4.1.7}$$

其中 $s(t)$ 在 (a,b) 内为单增的并且一致有界.

证　先证充分性. 以区间 (a,b) 代替 (a,b) 的子区间，只要证明如下的不等式成立就可以了：若 $\alpha\in(0,1)$，当 $x=(1-\alpha)a+\alpha b$ 时，就有 $f(x)\leqslant(1-\alpha)f(a)+\alpha f(b)$. 不失一般性，可设 $a=0$, $f(0)=0$. 那么要证的不等式变为

$$\int_0^{\alpha b}s(t)\mathrm{d}t\leqslant\alpha\int_0^b s(t)\mathrm{d}t \tag{4.1.8}$$

或

$$(1-\alpha)\int_0^{\alpha b}s(t)\mathrm{d}t\leqslant\alpha\int_{\alpha b}^b s(t)\mathrm{d}t. \tag{4.1.9}$$

因 $s(t_1)\leqslant s(t_2)$，$t_1<t_2$，所以

$$(1-\alpha)\int_0^{\alpha b}s(t)\mathrm{d}t\leqslant(1-\alpha)\alpha bs(\alpha b)=\alpha\int_{\alpha b}^{b}s(\alpha b)\mathrm{d}t<\alpha\int_{\alpha b}^{b}s(t)\mathrm{d}t,$$

所以(4.1.9)式成立，(4.1.9)即(4.1.8). 于是定理的充分性得证.

要证明必要性，先证 f 的左导数、右导数的单调性. 记

$$R(x,h)=\frac{f(x+h)-f(x)}{h},\quad h\neq 0.$$

则由 f 的凸性，有

$$f(x)\leqslant\frac{k}{k+h}f(x+h)+\frac{h}{k+h}f(x-k),\quad h,k\geqslant 0,\tag{4.1.10}$$

其中 $x-k,x+h\in(a,b)$. 改写(4.1.4)，可得

$$R(x,-k)\leqslant R(x,h),\quad h,k>0,\ x-k,x+h\in(a,b).\tag{4.1.11}$$

当 $0<h<h'$ 时，由 f 的凸性，有

$$f(x+h)\leqslant\frac{h'-h}{h'}f(x)+\frac{h}{h'}f(x+h'),$$

其中 $x+h'\in(a,b)$. 同样可改写为

$$R(x,h)\leqslant R(x,h'),\quad h>0,\ x,x+h\in(a,b).\tag{4.1.12}$$

由(4.1.11)和(4.1.12)立刻可知 $f(x)$ 在(a,b)上为连续的.

由(4.1.12)，当 $h\to 0$ 时，$R(x,h)$ 趋于定限，记为 $D^+f(x)$，$x\in(a,b)$. 又由(4.1.11)，此极限为有限数. 同样对 $0<h<h'$ 可得

$$R(x,-h')\leqslant R(x,-h),\quad x-h',x\in(a,b).\tag{4.1.13}$$

因而导数 $D^-f(x)$ 存在而有限. 由(4.1.11)又得

$$D^-f(x)\leqslant D^+f(x).\tag{4.1.14}$$

现设 $a<x<x_1<b$ 及 $h,k>0$，$h+k=x_1-x$，$x+h=x_1-k$. 则

$$D^+f(x)\leqslant R(x,h)\leqslant R(x_1,-k)\leqslant D^-f(x_1),\tag{4.1.15}$$

从而

$$D^-f(x)\leqslant D^-f(x_1),\quad D^+f(x)\leqslant D^+f(x_1).\tag{4.1.16}$$

即是说，$D^+f(x),D^-f(x)$ 为非减的，再由(4.1.14),(4.1.15)，$f'(x)$ 存在 a.e.，f' 为非减的. 根据实函数的知识，此种非减函数的不连续点集至多为可列个，而且 $f'(x)$ 在(a,b)内的子区间(a',b')上一致有界，所以当我们以 a' 代 a，以 $f'(t)$ 代 $s(t)$ 及 $x\in[a',b']$ 时，不等式(4.1.1)成立. 注意 $f(t)$ 为(a,b)上的连续函数，令 $a'\to a$，$b'\to b$，我们得到(4.1.7)，$s(t)=f'(t)$. 要证 $f'(t)$ 为可积的，只需注意 $f'(t)$ 在 a 和 b 的邻域内保持符号不变就够了，因为广义积分含有 Lebesgue 意义可积性. □

推论 若 $f(x)$ 为$[a,b]$上的凸函数，则在(a,b)内，几乎处处都存在有限二阶导数 $f''(x)>0$.

证 由定理 4.1.4，$f(x)$ 几乎处处存在有限递增导数 $f'(x)$. 由实函数的知识：在$[a,b]$上定义递增函数(未必是连续的)，则在(a,b)内几乎对所有的 x，此函数是可以微分的且存在有限的导数. □

4.2 几何平均与算术平均构成函数的单调性

定理 4.2.1 [胡33] 设 $a_k\geqslant 0$，记 $S_n(a)=\frac{1}{T_n}\sum_{k=1}^{n}t_ka_k$，$t_k\geqslant 0$，

$$T_k=t_1+t_2+\cdots+t_k,\quad G_n(a)=\Big(\prod_{k=1}^{n}a_k^{t_k}\Big)^{\frac{1}{T_n}}$$

及 $F_n(a)=T_n(S_n(a)-G_n(a))$. 则 $F_n(a)$ 为关于 n 的增函数.

证 由基础关系不等式，有

$$G_n(a)=\Big(\prod_{k=1}^{n}a_k^{t_k}\Big)^{\frac{1}{T_n}}=\Big[\Big(\prod_{k=1}^{n-1}a_k^{t_k}\Big)^{\frac{1}{T_{n-1}}}\Big]^{\frac{T_{n-1}}{T_n}}a_n^{t_n/T_n}$$

$$\leqslant\frac{T_{n-1}}{T_n}G_{n-1}(a)+\frac{t_n}{T_n}a_n.\tag{4.2.1}$$

将(4.2.1)改写为

$$G_n(a)\leqslant\frac{T_{n-1}}{T_n}G_{n-1}(a)+S_n(a)-\frac{T_{n-1}}{T_n}S_{n-1}(a).\tag{4.2.2}$$

(4.2.2)即为

$$F_{n-1}(a)\leqslant F_n(a).\tag{4.2.3}$$

□

定理 4.2.2 [W1] $A_n(a),G_n(a)$ 如定理 4.2.1 所设. 设 $F(n)=\left(\frac{G_n(a)}{S_n(a)}\right)^{T_n}$，则 $F(n)\geqslant F(n-1)$，$n=1,2,\cdots$.

证 由基础关系不等式，有

$$a_n^{t_n/T_n}\left(\sum_{k=1}^{n-1}\frac{t_ka_k}{T_{n-1}}\right)^{\frac{T_{n-1}}{T_n}}\leqslant S_n(a).\tag{4.2.4}$$

此即

$$G_n(a)(G_{n-1}(a))^{-\frac{T_{n-1}}{T_n}}(S_{n-1}(a))^{\frac{T_{n-1}}{T_n}} \leqslant S_n(a). \tag{4.2.5}$$

□

在[W1]中的证明比定理 4.2.1、定理 4.2.2 有更深刻的结果，此处不再阐述.

4.3　Jensen 不等式构成函数的单调性

定理 4.3.1[胡33]　设 $f(x)$ 为$[a,b]$上的凸函数，t_i, T_i 如定理 4.2.1 所定义. 记

$$F(n) = \sum_{k=1}^{n} t_k f(x_k) - T_n f\Big(\sum_{k=1}^{n} t_k x_k \Big/ T_n\Big),$$

则

$$F(n-1) \leqslant F(n), \quad n = 1,2,\cdots. \tag{4.3.1}$$

证　由(4.1.2)式，有

$$\sum_{k=1}^{n-1} t_k f(x_k) - T_{n-1} f\Big(\sum_{k=1}^{n-1} t_k x_k \Big/ T_{n-1}\Big)$$
$$\leqslant \sum_{k=1}^{n} t_k f(x_k) - T_n f\Big(\sum_{k=1}^{n} t_k x_k \Big/ T_n\Big). \tag{4.3.2}$$

此即(4.3.1)式. □

若取 $f(x) = -\log x$，即为定理 4.2.1.

定理 4.3.2[胡33]　设 $a_i, b_i \geqslant 0$，当 $p > 1$ 时，记

$$F_1(n) = \sum_{i=1}^{n} a_i^p - \Big(\sum_{i=1}^{n} a_i b_i\Big)^p \Big/ \Big(\sum_{i=1}^{n} b_i^{p/(p-1)}\Big)^{p-1}, \tag{4.3.3}$$

则 $F_1(n)$ 为 n 的递增函数.

证　在(4.3.1)中取 $f(x) = x^p$ 及 $t_i = b_i^{p/(p-1)}$，$t_i x_i = a_i b_i$，$t_i x_i^p = a_i^p$，代入(4.3.1)，显然(4.3.3)成立. □

定理 4.3.3　$f(x)$ 为$(0,1)$内的凸函数，记

$$S_n = \frac{1}{n+1}\sum_{k=1}^{n} f\Big(\frac{k}{n+1}\Big),$$

则 S_n 为 n 的递增函数.

证 因$\dfrac{k}{n}=\left(\dfrac{n-k}{n}\right)\dfrac{k}{n+1}+\dfrac{k(k+1)}{n(n+1)}$，由 f 的凸性有

$$f\left(\frac{k}{n}\right)\leqslant\frac{n-k}{n}f\left(\frac{k}{n+1}\right)+\frac{k}{n}f\left(\frac{k+1}{n+1}\right). \tag{4.3.4}$$

对上式关于 $k=1,2,\cdots,n-1$ 求和，即得

$$\sum_{k=1}^{n-1}f\left(\frac{k}{n}\right)\leqslant\frac{n-1}{n}\sum_{k=1}^{n}f\left(\frac{k}{n+1}\right). \tag{4.3.5}$$

此即 $S_{n-1}\leqslant S_n$. □

4.4 Hardmard 不等式及其构成函数的单调性

1892 年 Hardmard 建立了下面的不等式，比当时所给的 $f(x)$ 的条件要强，之后才改成如下的不等式.

定理4.4.1 设 $f(x)$ 为$[a,b]$ 内的凸函数，则

$$f\left(\frac{a+b}{2}\right)\leqslant\frac{1}{b-a}\int_a^b f(x)\mathrm{d}x\leqslant\frac{1}{2}(f(a)+f(b)). \tag{4.4.1}$$

证 我们在 4.1 节中已证：$f(x)$ 为$[a,b]$上的凸函数，$f(x)$ 在(a,b) 内连续. 所以 $f(x)$ 在(a,b) 内可积. 又因

$$\begin{aligned}f\left(\frac{a+b}{2}\right)&=f\left(\frac{1}{2}\left(\frac{a+b}{2}-t\right)+\frac{1}{2}\left(\frac{a+b}{2}+t\right)\right)\\&\leqslant\frac{1}{2}f\left(\frac{a+b}{2}-t\right)+\frac{1}{2}f\left(\frac{a+b}{2}+t\right),\end{aligned} \tag{4.4.2}$$

对(4.4.2) 两边从 0 到$\dfrac{b-a}{2}$ 积分，得

$$\begin{aligned}(b-a)f\left(\frac{a+b}{2}\right)&\leqslant\int_0^{\frac{b-a}{2}}f\left(\frac{a+b}{2}-t\right)\mathrm{d}t+\int_0^{\frac{b-a}{2}}f\left(\frac{a+b}{2}+t\right)\mathrm{d}t\\&=\int_a^{\frac{a+b}{2}}f(t)\mathrm{d}t+\int_{\frac{a+b}{2}}^b f(t)\mathrm{d}t\\&=\int_a^b f(t)\mathrm{d}t.\end{aligned} \tag{4.4.3}$$

(4.4.3) 即为(4.4.1) 的首项不等式.

现证后面的不等式. 因

$$f(x)=f\left(\frac{b-x}{b-a}a+\frac{x-a}{b-a}b\right)\leqslant\frac{b-x}{b-a}f(a)+\frac{x-a}{b-a}f(b), \tag{4.4.4}$$

对(4.4.4)两边关于 x 从 a 到 b 积分，即得所求. □

我们在下面再给出(4.4.1)左边的不等式的另一证明.

取 $x_0=a$，$x_n=b$，$x_0\leqslant x_1\leqslant x_2\leqslant\cdots\leqslant x_n$，$\Delta x=x_{k+1}-x_k$，$k=0$，$1,\cdots,n-1$. 则

$$f\left(\frac{a+b}{2}\right)=f\left(\frac{x_1-a}{b-a}\frac{x_1+a}{2}+\frac{x_2-x_1}{b-a}\frac{x_2+x_1}{2}+\cdots+\frac{b-x_{n-1}}{b-a}\frac{b+x_{n-1}}{2}\right)$$

$$\leqslant\sum_{k=1}^{n}\frac{\Delta x}{b-a}f\left(\frac{x_k+x_{k-1}}{2}\right).\qquad(4.4.5)$$

令 $n\to\infty$，$\Delta x\to 0$ 即得.

定理 4.4.2 [胡34]　设 $f(x)$ 为$[a,b]$上的凸函数，记

$$F(x)=\int_a^x f(t)\mathrm{d}t-(x-a)f\left(\frac{x+a}{2}\right),$$

则 $F(x)$ 为(a,b)内的增函数.

证　设 $a<x_1\leqslant x_2<b$，需证 $F(x_1)\leqslant F(x_2)$. 由(4.4.5)，

$$f\left(\frac{x_2+a}{2}\right)\leqslant\frac{x_2-x_1}{x_2-a}f\left(\frac{x_2+x_1}{2}\right)+\frac{x_1-a}{x_2-a}f\left(\frac{x_1+a}{2}\right)$$

$$\leqslant\frac{1}{x_2-a}\int_{x_1}^{x_2}f(t)\mathrm{d}t+\frac{x_1-a}{x_2-a}f\left(\frac{x_1+a}{2}\right).\qquad(4.4.6)$$

两边乘以(x_2-a)，整理后即得 $F(x_1)\leqslant F(x_2)$. □

4.5　凸函数的积分平均及其构成函数的单调性

定理 4.5.1　设 $f(x)$ 为$[-b,b]$上的凸函数，记

$$F(x)=\frac{1}{2x}\int_{-x}^{x}f(t)\mathrm{d}t,\quad x>0.$$

则 $F(x)$ 为 x 的增函数.

证　由定理 4.4.1 的后边的不等式，知

$$F'(x)=\frac{1}{2x}(f(x)+f(-x))-\frac{1}{2x^2}\int_{-x}^{x}f(t)\mathrm{d}t\geqslant 0.\qquad(4.5.1)$$

所以定理成立. □

定理4.5.2 设 $f(x)$ 为$[-b,b]$上的凸函数. 则当 $0<h\leqslant b$ 时有

$$f(x)\leqslant \frac{1}{2h}\int_{x-h}^{x+h} f(t)\,\mathrm{d}t. \tag{4.5.2}$$

证 记 $F(t)=f(t+x)$. 则 $F(t)$ 为$(-b,b]$上的凸函数，由定理4.5.1，得

$$F(0)\leqslant \frac{1}{2h}\int_{-h}^{h} F(t)\,\mathrm{d}t,$$

此即(4.5.2)式. □

注意(4.5.1)式，当 $x=\dfrac{a+b}{2}$，$h=\dfrac{b-a}{2}$ 时，又得(4.4.1)左边的不等式. 也可以视为从(4.4.1)右边的不等式导出其左边的不等式.

4.6 Hardmard不等式的推广及其简易证明

定理4.6.1 设 $f(x)$ 为$[a,b]$上的凸函数，$a\leqslant u\leqslant v\leqslant b$，$p,q>0$，$\dfrac{u+v}{2}=\dfrac{pa+qb}{p+q}$，则

$$f\left(\frac{pa+qb}{p+q}\right)\leqslant \frac{1}{v-u}\int_{u}^{v} f(t)\,\mathrm{d}t\leqslant \frac{pf(a)+qf(b)}{p+q}. \tag{4.6.1}$$

(4.6.1)首先由Uasic提出，但有条件 $f'\geqslant 0$. 此后王兴华、王中烈去掉了条件 $f''>0$[W1]，作了改进.

证 (4.6.1)左边的不等式，即为Hardmard不等式. 我们只需证右边的不等式. 由Hardmard右边不等式，有

$$\begin{aligned}
\frac{1}{v-u}\int_{u}^{v} f(t)\,\mathrm{d}t&\leqslant \frac{f(u)+f(v)}{2}\\
&\leqslant \frac{1}{2}\left(\frac{b-u}{b-a}f(a)+\frac{u-a}{b-a}f(b)+\frac{b-v}{b-a}f(a)+\frac{v-a}{b-a}f(b)\right)\\
&=\frac{b-(u+v)/2}{b-a}f(a)+\frac{(u+v)/2-a}{b-a}f(b)\\
&=\frac{pf(a)+qf(b)}{p+q}.
\end{aligned}$$

□

定理4.6.2[胡34] 设 $f(x)$ 为$[a,b]$上凸函数，$p_i>0$，及 $x_1=a\leqslant x_2\leqslant x_3\leqslant\cdots\leqslant x_n=b$，$Q_k=\sum\limits_{i=1}^{k} p_i$. 记

$$\frac{u_k+v_k}{2}=\sum_{i=1}^{k}p_ix_i,\quad k=1,2,\cdots,n,$$

$$\psi(k)=\sum_{i=1}^{k}p_if(x_i)-\frac{Q_k}{v_k-u_k}\int_{u_k}^{v_k}f(x)\mathrm{d}x,$$

则有 $\psi(k)$ 为 k 的增函数.

证　由假设，令 $\psi(1)=0$，取 $k>2$，

$$\frac{u_k+v_k}{2}=\sum_{i=1}^{k}\frac{p_ix_i}{Q_k}=\Big(\sum_{i=1}^{k-1}\frac{p_ix_i}{Q_{k-1}}\Big)\frac{Q_{k-1}}{Q_k}+\frac{p_kx_k}{Q_k}$$
$$=\frac{y_kQ_{k-1}}{Q_k}+\frac{x_kp_k}{Q_k}. \tag{4.6.2}$$

由(4.6.1)右边的不等式，有

$$\frac{1}{v_k-u_k}\int_{u_k}^{v_k}f(x)\mathrm{d}x\leqslant\frac{Q_{k-1}}{Q_k}f(y_k)+\frac{p_k}{Q_k}f(x_k)$$
$$=\frac{Q_{k-1}}{Q_k}f\Big(\frac{v_{k-1}+u_{k-1}}{2}\Big)+\frac{p_k}{Q_k}f(x_k)$$
$$\leqslant\Big(\frac{Q_{k-1}}{Q_k}\Big)\frac{1}{v_{k-1}-u_{k-1}}\int_{u_{k-1}}^{v_{k-1}}f(x)\mathrm{d}x+\frac{p_k}{Q_k}f(x_k). \tag{4.6.3}$$

上式两边乘以 Q_k，即得 $\psi(k-1)\leqslant\psi(k)$.　□

定理 4.6.3　如定理 4.6.2 所设，则有

$$f\Big(\frac{u_k+v_k}{2}\Big)\leqslant\frac{1}{v_k-u_k}\int_{u_k}^{v_k}f(x)\mathrm{d}x\leqslant\sum_{i=1}^{k}p_if(x_i). \tag{4.6.4}$$

定理 4.6.3 由冯慈璜于 1985 年用细微方法所得. 在此证明简易，为定理 4.6.2 的推论.

4.7　Steffensen 不等式构成函数的单增性与 Jensen 不等式的改进

定理 4.7.1　设 f,g 为定义在 (a,b) 上的可积函数，且 f 为非增函数，$0\leqslant g(t)\leqslant 1$. 作函数

$$F(x)=\int_a^{a+\int_a^x g(t)\mathrm{d}t}f(t)\mathrm{d}t-\int_a^x f(t)g(t)\mathrm{d}t,\quad a\leqslant x\leqslant b,$$

则 $F'(x) \geqslant 0$ a. e., $F(x) \geqslant 0$.

证　因 $F(a)=0$,

$$F'(x)=\left(f\left(a+\int_a^x g(t)\mathrm{d}t\right)-f(x)\right)g(t),$$

由于 f 为非增函数，所以 $F'(x) \geqslant 0$ a. e., $F(x) \geqslant 0$, $x \in (a,b)$. □

定理4.7.2　f,g 如定理 4.7.1 所设. 作函数

$$F_1(x)=\int_{b-\int_x^b g(t)\mathrm{d}t}^b f(y)\mathrm{d}y-\int_x^b f(t)g(t)\mathrm{d}t,\quad a \leqslant x \leqslant b,$$

则 $F_1'(x) \geqslant 0$ a. e., $F_1(x) \leqslant 0$, $x \in (a,b)$.

证　因 $F_1(b)=0$,

$$F_1'(x)=g(x)\left(f(x)-f\left(b-\int_x^b g(t)\mathrm{d}t\right)\right),$$

$f(x)$ 为非增的，所以 $F_1'(x) \geqslant 0$ a. e., $F_1(x) \leqslant 0$, $x \in (a,b)$. □

由定理 4.7.1 和定理 4.7.2 便得 Steffensen 不等式.

定理4.7.3　同定理 4.7.1 的假设，又设 $\lambda=\int_a^b g(t)\mathrm{d}t$，则有不等式：

$$\int_{b-\lambda}^b f(t)\mathrm{d}t \leqslant \int_a^b f(t)g(t)\mathrm{d}t \leqslant \int_a^{a+\lambda} f(t)\mathrm{d}t. \tag{4.7.1}$$

下面阐述应用 Steffensen 不等式来改进 Jensen 不等式(请参阅参考书目[3]).

定理4.7.4　设 $f(x)$ 为凸函数，$0 \leqslant x_1 \leqslant x_2 \leqslant \cdots \leqslant x_n$，$e_k$ 满足 $0 \leqslant \sum\limits_{k=v}^n e_k \leqslant \sum\limits_{k=1}^n e_k\ (v=1,2,\cdots)$，则

$$f\left(\frac{\sum\limits_{k=1}^n e_k x_k}{\sum\limits_{k=1}^n e_k}\right) \leqslant \frac{\sum\limits_{k=1}^n e_k f(x_k)}{\sum\limits_{k=1}^n e_k}. \tag{4.7.2}$$

证　因为 $f(x)$ 为凸的，所以在其定义区间内，由定理 4.1.4，$f'(x)$ 几乎处处存在，且一致有界，并为非减函数，所以 $f'(x)$ 为可积函数. 用

$-f'(x)$ 代替 Steffensen 不等式中的 f，取 $\lambda_v = \sum_{k=v}^{n} e_k \Big/ \sum_{k=1}^{n} e_k$ 及 $g(t)=\lambda_v$，$x_{v-1} < t \leqslant x_v$，$x_0 = a = 0$，$x_n = b$. 则

$$\lambda = \int_0^{x_n} g(t)\mathrm{d}t = \sum_{k=1}^{n} \lambda_k (x_k - x_{k-1}) = \sum_{k=1}^{n} e_x x_k \Big/ \sum_{k=1}^{n} e_k, \quad (4.7.3)$$

$$-\int_0^{\lambda} f'(x)\mathrm{d}x = f(0) - f(\lambda), \quad (4.7.4)$$

$$\begin{aligned} -\int_0^{x_n} f'(t)g(t)\mathrm{d}t &= -\sum_{k=1}^{n} \lambda_k (f(x_k) - f(x_{k-1})) \\ &= -\sum_{k=1}^{n} e_k f(x_k) \Big/ \sum_{k=1}^{n} e_k + f(0). \end{aligned} \quad (4.7.5)$$

将(4.7.3),(4.7.4) 和(4.7.5) 代入 Steffensen 不等式的右边，即得我们所求. □

定理 4.7.5　设 $f(x)$ 为凸函数，$h(x)$ 满足

$$0 \leqslant \int_t^1 h(x)\mathrm{d}x \leqslant \int_0^1 h(x)\mathrm{d}x, \quad t \in [0,1],$$

$g(x)$ 为关于 x 的增函数，则

$$f\left(\frac{\int_0^1 h(x)g(x)\mathrm{d}x}{\int_0^1 h(x)\mathrm{d}x}\right) \leqslant \frac{\int_0^1 h(x)f(g(x))\mathrm{d}x}{\int_0^1 h(x)\mathrm{d}x}. \quad (4.7.6)$$

(4.7.6) 为(4.7.2) 的积分表示式.

定理 4.7.6　设 $a_1 > a_2 > \cdots > a_{2m-1} > 0$，$f$ 为$[0,a_1]$上的凸函数. 则

$$f\Big(\sum_{k=1}^{2m-1} (-1)^{k-1} a_k\Big) \leqslant \sum_{k=1}^{2m-1} (-1)^{k-1} f(a_k). \quad (4.7.7)$$

定理 4.7.7　设 $a_1 \geqslant a_2 \geqslant \cdots \geqslant a_n \geqslant 0$，则

$$\Big(\sum_{k=1}^{n} (-1)^{k-1} a_k\Big)^p \leqslant \sum_{k=1}^{n} (-1)^{k-1} a_k^p, \quad p \geqslant 1. \quad (4.7.8)$$

证　令 $f(x) = x^p$. 若 $n = 2m-1$，由(4.7.7) 即得(4.7.8). 若 $n = 2m$，取 $a_{2m+1} = 0$，$f(0) = 0$. 同样由(4.7.7) 得(4.7.8). 明显地，(4.7.7) 为(4.7.3) 的特殊情形. □

显然定理 4.7.5 要比定理 4.1.1 优秀. 因为定理 4.1.1 要求 $e_k \geqslant 0$，$k =$

1,2,…. 而在定理 4.7.5 中没有此要求，或者说要求条件要少些. 这是利用 Steffensen 不等式及凸函数的实变理论性质所得到的.

4.8 van der Corput 不等式

定理 4.8.1 (van der Corput) 设 $a_k,b_k>0$，$S_n=\sum_{k=1}^{n}b_k$，则

$$\sum_{n=1}^{\infty}\Big(\prod_{k=1}^{n}a_k^{b_k}\Big)^{\frac{1}{S_n}}\leqslant\sum_{n=1}^{\infty}\Big(\frac{S_{n+1}b_n}{S_nb_{n+1}}\Big)^{\frac{S_n}{b_n}}a_n. \tag{4.8.1}$$

证 记 $C_n=\Big(\frac{S_{n+1}}{b_{n+1}}\Big)^{\frac{S_n}{b_n}}\Big(\frac{b_n}{S_n}\Big)^{\frac{S_{n-1}}{b_n}}$，因

$$\sum_{n\geqslant m}S_n^{-1}\Big(\prod_{k=1}^{n}C_k^{b_k}\Big)^{-\frac{1}{S_n}}=\sum_{n\geqslant m}\frac{b_{n+1}}{S_nS_{n+1}}=\sum_{n\geqslant m}\Big(\frac{1}{S_n}-\frac{1}{S_{n+1}}\Big)=\frac{1}{S_n}, \tag{4.8.2}$$

由几何平均、算术平均不等式，有

$$\begin{aligned}\sum_{n=1}^{\infty}\Big(\prod_{k=1}^{n}a_k^{b_k}\Big)^{\frac{1}{S_n}}&=\sum_{n=1}^{\infty}\prod_{k=1}^{n}(C_ka_k)^{\frac{b_k}{S_n}}\Big/\Big(\prod_{k=1}^{n}C_k^{b_k}\Big)^{\frac{1}{S_n}}\\&\leqslant\sum_{n=1}^{\infty}\Big(\prod_{k=1}^{n}C_k^{b_k}\Big)^{-\frac{1}{S_n}}\sum_{m\leqslant n}\frac{b_m}{S_n}C_ma_m\\&=\sum_{m=1}^{\infty}b_mC_ma_m\sum_{n\geqslant m}S_n^{-1}\Big(\prod_{k=1}^{n}C_k^{b_k}\Big)^{-\frac{1}{S_n}}\\&=\sum_{m=1}^{\infty}\Big(\frac{b_mS_{m+1}}{b_{m+1}S_m}\Big)^{\frac{S_m}{b_m}}a_m.\end{aligned} \tag{4.8.3}$$

证毕. □

此定理为 van der Corput 推广 Carleman 不等式的结果.

4.9 Carleman 不等式的改进

Carleman 证明了：当 $a_k>0$，$k=1,2,\cdots$ 时有

$$\sum_{n=1}^{\infty}\Big(\prod_{k=1}^{n}a_k\Big)^{\frac{1}{n}}\leqslant\mathrm{e}\sum_{n=1}^{\infty}a_n. \tag{4.9.1}$$

本节将介绍杨必成改进(4.9.1) 的结果[杨2]：

定理 4.9.1 设 $a_k>0$，则

$$\sum_{n=1}^{\infty}\Big(\prod_{k=1}^{n}a_k\Big)^{\frac{1}{n}}<\mathrm{e}\sum_{n=1}^{\infty}\Big[1-\frac{1}{2(n+1)}\Big]a_n. \tag{4.9.2}$$

先证明一个引理：

引理 1　对 $x>0$，有

$$\mathrm{e}\Big(1-\frac{1}{2x+1}\Big)<\Big(1+\frac{1}{x}\Big)^{x}<\mathrm{e}\Big[1-\frac{1}{2(x+1)}\Big]. \tag{4.9.3}$$

证　由于

$$\begin{aligned}\log\Big(1+\frac{1}{x}\Big)&=\log\frac{1}{1-(1+x)^{-1}}=\sum_{k=1}^{\infty}\frac{1}{k(1+x)^k}\\&<\frac{1}{1+x}+\frac{1}{2(1+x)^2}\sum_{k=0}^{\infty}\frac{1}{(1+x)^k}\\&=\frac{1}{1+x}+\frac{1}{2x(x+1)},\end{aligned} \tag{4.9.4}$$

又

$$\begin{aligned}\log\Big(1+\frac{1}{x}\Big)&>\frac{1}{1+x}+\frac{1}{2(x+1)^2}\sum_{k=0}^{\infty}\frac{1}{2^k(1+x)^k}\\&=\frac{1}{1+x}+\frac{1}{(x+1)(2x+1)},\end{aligned} \tag{4.9.5}$$

取

$$g(x)=\frac{x+1}{2x+1}\Big(1+\frac{1}{x}\Big)^{x},$$

由(4.9.5)知

$$\frac{g'(x)}{g(x)}=\log\Big(1+\frac{1}{x}\Big)-\frac{2}{2x+1}>0. \tag{4.9.6}$$

再取

$$h(x)=\frac{2x+1}{x}\Big(1+\frac{1}{x}\Big)^{x}.$$

由(4.9.4)，

$$\frac{h'(x)}{h(x)}=\log\Big(1+\frac{1}{x}\Big)-\frac{1}{1+x}-\frac{1}{x(2x+1)}<0, \tag{4.9.7}$$

在(4.9.6)中令 $x\to\infty$ 即得(4.9.3)式右边不等式，在(4.9.7)中令 $x\to\infty$ 即得(4.9.3)式左边的不等式. □

定理 4.9.1 的证明　由引理 1，取 $b_k=1$，有 $S_n=n$，得

$$\left(\frac{S_{n+1}b_n}{S_nb_{n+1}}\right)^{\frac{S_n}{b_n}}=\left(\frac{n+1}{n}\right)^n=\left(1+\frac{1}{n}\right)^n<\mathrm{e}\left[1-\frac{1}{2(n+1)}\right]. \quad (4.9.8)$$

再由定理 4.8.1，即得定理的结论. □

本节引理 1 为[杨 2]中结果，在此略有简化.

4.10 van der Corput 之一不等式的改进

设 $a_n>0$，$S_n=\sum\limits_{k=1}^{n}\frac{1}{k}$. van der Corput 证明了：

$$\sum_{n=1}^{\infty}\left(\prod_{k=1}^{n}a_k^{1/k}\right)^{\frac{1}{S_n}}\leqslant \mathrm{e}^{1+\gamma}\sum_{n=1}^{\infty}(n+1)a_n \quad (\gamma\text{ 为 Euler 常数}). \quad (4.10.1)$$

这一节我们将改进 van der Corput 的结果.

定理 4.10.1[胡36] 如 van der Corput 结果所设，有

$$\sum_{n=1}^{\infty}\left(\prod_{k=1}^{n}a_k^{1/k}\right)^{\frac{1}{S_n}}\leqslant \mathrm{e}^{1+\gamma}\sum_{n=1}^{\infty}\left(n-\frac{1}{4}\log n\right)a_n. \quad (4.10.2)$$

先证如下定理：

定理 4.10.2[胡35] $A_n=\sum\limits_{k=1}^{n}\frac{1}{k}-\log n-\gamma$，则

$$\frac{1}{2n+1}\leqslant A_n\leqslant\frac{1}{2n}. \quad (4.10.3)$$

证 因 $f(x)=\frac{1}{x}-\frac{1}{n+1}$ 为 x 的凸函数，所以由 Hardmard 不等式有

$$f\left(n+\frac{1}{2}\right)\leqslant A_n-A_{n+1}=\int_n^{n+1}f(x)\mathrm{d}x \leqslant\frac{1}{2}\left(f(n)+f(n+1)\right). \quad (4.10.4)$$

因

$$f\left(n+\frac{1}{2}\right)=\frac{1}{(2n+1)(n+1)}>\frac{1}{(2n+1)(n+3/2)},$$

$$f(n)+f(n+1)=\frac{1}{n(n+1)},$$

所以，当 $N>n$ 时有

$$\left.\begin{aligned}&\frac{1}{2}\left(\frac{1}{n+1/2}-\frac{1}{n+3/2}\right)<A_n-A_{n+1}\leqslant\frac{1}{2}\left(\frac{1}{n}-\frac{1}{n+1}\right),\\&\frac{1}{2}\left(\frac{1}{n+3/2}-\frac{1}{n+5/2}\right)<A_{n+1}-A_{n+2}\leqslant\frac{1}{2}\left(\frac{1}{n+1}-\frac{1}{n+2}\right),\\&\cdots,\\&\frac{1}{2}\left(\frac{1}{N+1/2}-\frac{1}{N+3/2}\right)<A_N-A_{N+1}\leqslant\frac{1}{2}\left(\frac{1}{N}-\frac{1}{N+1}\right).\end{aligned}\right\}\tag{4.10.5}$$

将上式相加，得

$$\frac{1}{2}\left(\frac{1}{n+1/2}-\frac{1}{N+3/2}\right)<A_n-A_{N+1}\leqslant\frac{1}{2}\left(\frac{1}{n}-\frac{1}{N+1}\right).\tag{4.10.6}$$

当 $N\to\infty$ 时 $A_{N+1}\to 0$. 由(4.10.6) 即得定理的结论. □

定理 4.10.1 的证明　先证

$$B_n=\left[\frac{(n+1)S_{n+1}}{nS_n}\right]^{nS_n}\leqslant e^{1+\gamma}\left(n-\frac{1}{4}\log n\right).\tag{4.10.7}$$

很明显 $B_1=3<e^{1+\gamma}$，所以我们只需证明：当 $n\geqslant 2$ 时(4.10.7) 式成立即可. 因为

$$B_n=\left[1+\frac{(n+1)S_{n+1}-nS_n}{nS_n}\right]^{nS_n}=\left(1+\frac{S_n+1}{nS_n}\right)^{nS_n},\tag{4.10.8}$$

由 4.9 节的引理 1，有

$$\begin{aligned}\left(1+\frac{S_n+1}{nS_n}\right)^{\frac{nS_n}{S_n+1}}&<e\left[1-\frac{S_n+1}{2(nS_n+S_n+1)}\right]=e\left[1-\frac{S_n+1}{2(n+1)S_{n+1}}\right]\\&<e\left[1-\frac{1}{2(n+1)}\right]=C_n.\end{aligned}\tag{4.10.9}$$

由(4.10.8) 和(4.10.9)，有

$$B_n\leqslant(C_n)^{S_n+1}.\tag{4.10.10}$$

注意，$C_n>1$，由 4.9 节的引理 1 得

$$\begin{aligned}B_n&\leqslant e^{1+\gamma+\log n+\frac{1}{2n}}\left[1-\frac{1}{2(n+1)}\right]^{1+\gamma+\log n+\frac{1}{2n}}\\&<e^{1+\gamma+\log n+\frac{1}{2n}}\left[1-\frac{1}{2(n+1)}\right]^{1+\gamma+\log n}\end{aligned}\tag{4.10.11}$$

当 $n\geqslant 2$ 时

$$\left[1-\frac{1}{2(n+1)}\right]^{1+\gamma}<e^{-\frac{1+\gamma}{2(n+1)}}<e^{-\frac{1}{2n}},\tag{4.10.12}$$

$$\left(1-\frac{1}{2(n+1)}\right)^{\log n} \leqslant \mathrm{e}^{-\log\frac{n}{2(n+1)}} < 1-\frac{\log n}{2(n+1)}+\frac{1}{2}\left(\frac{\log n}{2(n+1)}\right)^2$$

$$\leqslant 1-\frac{1}{4n}\log n, \quad n \geqslant 2. \tag{4.10.13}$$

将(4.10.11),(4.10.12)和(4.10.13)结合，便得(4.10.7)，将(4.10.7)代入4.9节中van der Corput不等式，即得定理4.10.1的结论. □

4.11 有关凸函数的积分不等式

前面我们已介绍过凸函数的几种被积性质，下面再介绍一种凸函数和一特异函数被积的性质.

定理4.11.1 设函数$\rho(x)=x-[x]-\frac{1}{2}$，$f(x)$为凸的，$f(x)$单调下降趋于0，积分$\int_1^{\infty}\rho(x)f(x)\mathrm{d}x$存在，则

$$\frac{1}{12}f\left(\frac{3}{2}\right) < -\int_1^{\infty}\rho(x)f(x)\mathrm{d}x < \frac{1}{8}f(1). \tag{4.11.1}$$

证 注意到$\forall k$，有$\int_k^{k+1}\rho(x)\mathrm{d}x=0$，所以

$$\int_1^{\infty}-\rho(x)f(x)\mathrm{d}x = \sum_{k=1}^{\infty}\int_k^{k+1}-\rho(x)f(x)\mathrm{d}x$$

$$=\frac{1}{8}f(1)+\sum_{k=1}^{\infty}\alpha_k, \tag{4.11.2}$$

其中

$$\alpha_k=\int_k^{k+\frac{1}{2}}-\rho(x)(f(x)-f(k))\mathrm{d}x$$

$$+\int_{k+\frac{1}{2}}^{k+1}\rho(x)(f(k+1)-f(x))\mathrm{d}x<0.$$

于是(4.11.1)之右边成立.

另一方面，作分段线性函数:

$$l(x)=2\left(f(k+1)-f\left(k+\frac{1}{2}\right)\right)\left(x-k-\frac{1}{2}\right)+f\left(k+\frac{1}{2}\right).$$

由已知$f(x)$为凸的，有$l(x)-f(x)\geqslant 0$，$x\in(k,k+1)$. 于是

$$\begin{aligned}\int_1^{\infty}-\rho(x)f(x)\mathrm{d}x &= \sum_{k=1}^{\infty}\Big[\int_k^{k+\frac{1}{2}}-\rho(x)\Big(f(x)-f\Big(k+\frac{1}{2}\Big)\Big)\mathrm{d}x \\ &\quad +\int_{k+\frac{1}{2}}^{k+1}\rho(x)\Big(f\Big(k+\frac{1}{2}\Big)-f(x)\Big)\mathrm{d}x\Big] \\ &> \sum_{k=1}^{\infty}\Big[\int_k^{k+\frac{1}{2}}-\rho(x)\Big(l(x)-f\Big(k+\frac{1}{2}\Big)\Big)\mathrm{d}x \\ &\quad +\int_{k+\frac{1}{2}}^{k+1}\rho(x)\Big(f\Big(k+\frac{1}{2}\Big)-l(x)\Big)\mathrm{d}x\Big] \\ &= \frac{1}{6}\sum_{k=1}^{\infty}\Big(f\Big(k+\frac{1}{2}\Big)-f(k+1)\Big) \\ &> \frac{1}{6}\sum_{k=1}^{\infty}\frac{1}{2}\Big(f\Big(k+\frac{1}{2}\Big)-f\Big(k+\frac{3}{2}\Big)\Big) \\ &= \frac{1}{12}f\Big(\frac{3}{2}\Big).\end{aligned}$$

此即(4.11.1)之左边. □

定理 4.11.1 由赵德钧所证明[赵1′]，用于改进 Hilbert 加权不等式，此后高明哲、杨必成用这个不等式得出关于 Hardy-Hilbert 不等式中权系数之一最佳常数，请参看第 3 章.

4.12　如何观察函数的凸性

对于一函数 $f(x)$ 在区间$[a,b]$上连续，甚至 $f''(x)\geqslant 0$，必须仔细观察，如何应用凸函数的性质(自然几何平均和算术平均相关问题也在其内). 下面举出三个例子.

(1)　Ky-Fan 不等式及其推广.

定理 4.12.1　设 $0<x\leqslant\frac{1}{2}$，$k=1,2,\cdots,n$. 则有

$$\prod_{k=1}^{n}x_k\Big/\Big(\sum_{k=1}^{n}x_k\Big)^n\leqslant\prod_{k=1}^{n}(1-x_k)\Big/\Big[\sum_{k=1}^{n}(1-x_k)\Big]^n. \tag{4.12.1}$$

证　取 $f(x)=\log\frac{1-x}{x}$，$f''(x)=\frac{1-2x}{x^2(1-x)^2}\geqslant 0$，即得证明. □

明显我们可以推广为

Levinson 不等式　设 $f(x)$ 在区间 $(0,2b)$ 上有 $f''(x)>0$. 又设 $0<x\leqslant b$, $p_k>0$, $\sum_{k=1}^{n}p_k=1$. 则有

$$\sum_{k=1}^{n}p_kf(x_k)-f\Big(\sum_{k=1}^{n}p_kx_k\Big)\leqslant\sum_{k=1}^{n}p_kf(2b-x_k)-f\Big(\sum_{k=1}^{n}p_k(2b-x_k)\Big).\qquad(4.12.2)$$

(2) 本章最后说明一下的是，上面所阐述的凸函数 $f(x)$ 是由(4.1.1)所定义的. 从几何意义上讲，$y=f(x)$ 是描述 xOy 平面所定义区域上一条“下凸曲线”. 下面我们分两种情形定义凸函数:

(a) $f(x)$ 如(4.1.1)所定义，则称它为“下凸函数”;

(b) 若 $f(x)$ 在 $[a,b]$ 上定义，x,y,α 如定义中所设，但有(4.1.1)的反向不等式成立，即

$$f(\alpha x+(1-\alpha)y)\geqslant\alpha f(x)+(1-\alpha)f(y),$$

则称 $f(x)$ 为 $[a,b]$ 上的“上凸函数”. 自然上凸函数 $f(x)$ 的 Jensen 不等式也为反向的，$f''(x)$ 存在必有 $f''(x)\leqslant 0$. 其证明方法也与“下凸函数”情况的证明一样. 在此就不再叙述了. 由此我们来证明下面的 Blaschk 不等式.

定理 4.12.2　设 $f(x),g(x)$ 为 $[a,b]$ 上连续正值函数. 则有

$$\exp\left\{\frac{1}{b-a}\int_a^b\log f(x)\,\mathrm{d}x\right\}+\exp\left\{\frac{1}{b-a}\int_a^b\log g(x)\,\mathrm{d}x\right\}\leqslant\exp\left\{\frac{1}{b-a}\int_a^b\log(f(x)+g(x))\mathrm{d}x\right\}.\qquad(4.12.3)$$

证　取

$$\log F(t)=\frac{1}{b-a}\int_a^b\log(tf(x)+(1-t)g(x))\mathrm{d}x,$$

则有

$$\frac{F''(t)}{F(t)}=\left(\frac{1}{b-a}\int_a^b\frac{f(x)-g(x)}{tf(x)+(1-t)g(x)}\mathrm{d}x\right)^2-\frac{1}{b-a}\int_a^b\left(\frac{f(x)-g(x)}{tf(x)+(1-t)g(x)}\right)^2\mathrm{d}x.$$

由 Cauchy-Schwarz 不等式，知 $F''(t)\leqslant 0$，从而有

$$F(0)+F(1)\leqslant 2F\Big(\frac{1}{2}\Big).\qquad(4.12.4)$$

□

第 5 章

几个重要不等式构成函数的单调性问题

5.1 单变量的不等式构成一个函数 $F(x) \geqslant 0$，$F(0)=0$，并具有单调增加(或减少)问题，因而提供解决问题的机会

一个单变量的不等式大概可以归结为构造一个函数使此不等式化为

$$F(0)=0, \quad F(n) \geqslant 0,\ n=0,1,2,\cdots,$$

$$F(0)=0, \quad F(x) \geqslant 0,\ x \geqslant 0.$$

如何对此不等式构造出一个函数 $F(x)$，使其有

$$F(0)=0, \quad F(n) \leqslant F(n+1),\ n=0,1,2,\cdots,$$

或

$$F(0)=0, \quad F(x_1) \leqslant F(x_2),\ 0 \leqslant x_1 \leqslant x_2,$$

也就是使 $F(x)$ 具有单增性(或单减性)、增强不等式的功能？有时此种函数构造成功，可以把原来的问题引向深入并得以解决，有的不等式可以找到如此的函数，有的却很难找到. 有的找到了其证明却很难、很长. 本章旨在做此项工作，说明一些事实. 如怎样用简易方法解决存在 30 多年之久的 Opial-华罗庚型不等式精密性问题，如 Lebejev,Minlin 创建了优美的指数化不等式[M1]，为解决单叶函数中著名的 Bieberbach 问题，架起了桥梁，改进了一系列单叶函数的系数问题. 因此一个不等式如何构成一函数的单调性问题，也是解析不等式中一个重要研究课题. 本章 5.3 节、5.6 节中起着改进问题和解决问题的作用. 请参看著者所著《单叶函数的若干问题》一书.

5.2 Hölder, Minkowski 不等式构成函数的单增性

定理 5.2.1 [胡12] 设 $a_k, b_k \geqslant 0$, $p > 1$, $q = \dfrac{p}{p-1}$,

$$F(n) = \left(\sum_{k=1}^{n} a_k^p\right)^{\frac{1}{p}} \left(\sum_{k=1}^{n} b_k^q\right)^{\frac{1}{q}} - \sum_{k=1}^{n} a_k b_k,$$

则有 $F(1) = 0$, $F(n) \leqslant F(n+1)$, $n = 1, 2, \cdots$.

证 由基础关系式

$$a_k b_k \leqslant \frac{t^p}{p} a_k^p + \frac{t^{-q}}{q} b_k^q, \tag{5.2.1}$$

记

$$F(n+1, t) = \frac{t^p}{p} \sum_{k=1}^{n+1} a_k^p + \frac{t^{-q}}{q} \sum_{k=1}^{n+1} b_k^q - \sum_{k=1}^{n+1} a_k b_k,$$

可得

$$F(n+1, t) - F(n, t) = \frac{t^p}{p} a_{n+1}^p + \frac{t^{-q}}{q} b_{n+1}^q - a_{n+1} b_{n+1} \geqslant 0. \tag{5.2.2}$$

取 $t = t_0$ 使

$$t_0^{pq} = \left(\sum_{k=1}^{n+1} b_k^q\right) \Big/ \left(\sum_{k=1}^{n+1} a_k^p\right),$$

由(5.2.2)有

$$F(n, t_0) \leqslant F(n+1, t_0) = F(n+1). \tag{5.2.3}$$

易见

$$F(n) = \min_{t>0} F(n, t) = F(n, t_1) \leqslant F(n, t_0) \leqslant F(n+1), \tag{5.2.4}$$

其中 t_1 适合

$$t_1^{pq} = \left(\sum_{k=1}^{n} b_k^q\right) \Big/ \left(\sum_{k=1}^{n} a_k^p\right).$$

□

定理 5.2.1 相应的积分形式是

定理 5.2.2 [胡13] 设 $f(x), g(x) \geqslant 0$, 且 $f \in L^p(0, \infty)$, $g \in L^q(0, \infty)$, 记

$$F(x) = \left(\int_0^x f^p(t)\,\mathrm{d}t\right)^{\frac{1}{p}} \left(\int_0^x g^q(t)\,\mathrm{d}t\right)^{\frac{1}{q}} - \int_0^x f(t) g(t)\,\mathrm{d}t,$$

则有 $F(x_1)\leqslant F(x_2)$, $0\leqslant x_1\leqslant x_2$.

定理5.2.3　设 $f(x),g(x)>0$, $p>1$ 和 $f\in L^p(0,\infty)$, $g\in L^p(0,\infty)$, 记

$$F(x)=\left[\left(\int_0^x f^p\mathrm{d}t\right)^{\frac{1}{p}}+\left(\int_0^x g^p\mathrm{d}t\right)^{\frac{1}{p}}\right]\left(\int_0^x |f+g|^p\mathrm{d}t\right)^{1-\frac{1}{p}}-\int_0^x |f+g|^p\mathrm{d}t,$$

则有 $F(x_1)\leqslant F(x_2)$, $0\leqslant x_1\leqslant x_2$.

证　由定理5.2.2, 记

$$F_f(x)=\left(\int_0^x f^p\mathrm{d}t\right)^{\frac{1}{p}}\left[\int_0^x (f+g)^p\mathrm{d}t\right]^{1-\frac{1}{p}}-\int_0^x (f+g)^{p-1}f\mathrm{d}t,$$

$$F_g(x)=\left(\int_0^x g^p\mathrm{d}t\right)^{\frac{1}{p}}\left[\int_0^x (f+g)^p\mathrm{d}t\right]^{1-\frac{1}{p}}-\int_0^x (f+g)^{p-1}g\mathrm{d}t,$$

知 $F_f(x),F_g(x)$ 均为 x 的单增函数. 因为 $F(x)=F_f(x)+f_g(x)$, 于是 $F(x)$ $(x>0)$ 为单增函数. □

同理, $0<p<1$ 时反向的 Minkowski 不等式亦有此性质.

5.3　第一个创建的基础不等式构成函数的单增性[胡14],[胡15]

我们在第1章已举了许多例子, 说明第一个创建的基础不等式的重要作用. 此节我们要作出其构造函数 $F(n)$, 使它具有单增性, 并具有更进一步的性质.

定理5.3.1　设 $a_k,b_k\geqslant 0$, $p\geqslant q>1$, $\frac{1}{p}+\frac{1}{q}=1$ 及 $1-e(k)\tilde{e}(r)+e(r)\tilde{e}(k)\geqslant 0$. 记

$$F(n)=\left(\sum_{k=1}^n b_k^q\right)^{\frac{2}{q}-\frac{2}{p}}\left[\left(\sum_{k=1}^n a_k^p\right)^2\left(\sum_{k=1}^n b_k^q\right)^2-\left(\sum_{k=1}^n a_k^p e(k)\sum_{l=1}^n b_l^q\tilde{e}(l)-\sum_{k=1}^n a_k^p\tilde{e}(k)\sum_{l=1}^n b_l^q e(l)\right)\right]^{\frac{1}{p}}-\left(\sum_{k=1}^n a_k b_k\right)^2.$$

则有 $F(n)\leqslant F(n+1)$, $n=1,2,3,\cdots$.

定理5.3.1的积分形式是:

定理5.3.2 设 $f(x),g(x)\geqslant 0$，$f\in L^p(0,b)$，$g\in L^q(0,b)$，并记

$$F(t)=\Big(\int_0^t g^q\mathrm{d}x\Big)^{\frac{2}{q}-\frac{2}{p}}\Big\{\Big(\int_0^t f^p\mathrm{d}x\Big)^2\Big(\int_0^t g^q\mathrm{d}x\Big)^2$$
$$-\Big[\Big(\int_0^t e(x)f^p\mathrm{d}x\Big)\Big(\int_0^t \tilde{e}(x)g^q\mathrm{d}x\Big)$$
$$-\Big(\int_0^t \tilde{e}(x)f^p\mathrm{d}x\Big)\Big(\int_0^t e(x)g^q\mathrm{d}x\Big)\Big]^2\Big\}^{\frac{1}{p}}-\Big(\int_0^t fg\,\mathrm{d}x\Big)^2,$$

则有 $F(t_1)\leqslant F(t_2)$，$0\leqslant t_1\leqslant t_2\leqslant b$.

证 令

$$A_r(n,i)=\sum_{k=i}^n c_k^p(r),\quad B_r(n,i)=\sum_{k=i}^n d_k^q(r),$$

由基础关系式，

$$xy\leqslant \alpha(tx)^{\frac{1}{\alpha}}+(1-\alpha)(t^{-1}y)^{\frac{1}{1-\alpha}},\quad t>0,\ x,y\geqslant 0,\ \alpha\in(0,1).\tag{5.3.1}$$

当 $p\geqslant q>1$ 和 $s>0$ 时，有

$$\begin{aligned}a_rb_rA_r^{1/p}B_r^{1/q}&=a_rB_r^{1/p}(b_r^{q/p}A_r^{1/p}b_r^{1-q/p}B_r^{1/q-1/p})\\&\leqslant\frac{1}{p}t^pa_r^pB_r+\frac{1}{q}t^{-q}(b_r^{q/p}A_r^{1/p}b_r^{1-q/p}B_r^{1/q-1/p})^q\\&\leqslant\frac{1}{p}t^pa_r^pB_r+\frac{1}{p}t^{-q}s^{\frac{p}{q}}b_r^qA_r+\Big(\frac{1}{q}-\frac{1}{p}\Big)t^{-q}s^{\frac{p}{q-p}}b_r^qB_r.\end{aligned}\tag{5.3.2}$$

由 Hölder 不等式

$$\begin{aligned}\sum_{k=1}^n c_k(r)d_k(r)&\leqslant\Big(\sum_{k=1}^n c_k^p(r)\Big)^{\frac{1}{p}}\Big(\sum_{k=1}^n d_k^q(r)\Big)^{\frac{1}{q}}\\&=A_r^{1/p}(n,1)B_r^{1/q}(n,1)\end{aligned}\tag{5.3.3}$$

和(5.3.2)即得

$$\begin{aligned}&\sum_{r=1}^m a_rb_r\Big(\sum_{k=1}^n c_k(r)d_k(r)\Big)\\&\leqslant\frac{1}{p}t^p\sum_{r=1}^m a_r^pB_r(n,1)+\frac{1}{p}t^{-q}s^{\frac{p}{q}}\Big(\sum_{r=1}^m b_r^qA_r(n,1)\Big)\\&\quad+\Big(\frac{1}{q}-\frac{1}{p}\Big)t^{-q}s^{\frac{p}{q-p}}\Big(\sum_{r=1}^m b_r^qB_r(n,1)\Big).\end{aligned}\tag{5.3.4}$$

我们记

$$F_1(m,n;s,t)=\frac{1}{p}t^p\Big(\sum_{r=1}^{m}a_r^pB_r(n,1)\Big)+\frac{1}{p}t^{-q}s^{\frac{p}{q}}\Big(\sum_{r=1}^{m}b_r^qA_r(n,1)\Big)$$
$$+\Big(\frac{1}{q}-\frac{1}{p}\Big)t^{-q}s^{\frac{p}{q-p}}\Big(\sum_{r=1}^{m}b_r^qB_r(n,1)\Big)$$
$$-\sum_{r=1}^{m}a_rb_r\Big(\sum_{k=1}^{n}c_k(r)d_k(r)\Big).$$

由(5.3.2)和(5.3.4)，可得下面的不等式：

$$F_1(m+1,n;s,t)-F_1(m,n;s,t)$$
$$=\frac{1}{p}t^pa_{m+1}^pB_{m+1}(n,1)+\frac{1}{p}t^{-q}s^{\frac{p}{q}}b_{m+1}^qA_{m+1}(n,1)$$
$$+\Big(\frac{1}{q}-\frac{1}{p}\Big)t^{-q}s^{\frac{p}{q-p}}b_{m+1}^qA_{m+1}(n,1)$$
$$-a_{m+1}b_{m+1}\sum_{k=1}^{n}c_k(m+1)d_k(m+1)\geqslant 0 \qquad (5.3.5)$$

和

$$F_1(m,n+1;s,t)-F_1(m,n;s,t)$$
$$=\frac{1}{p}t^p\sum_{r=1}^{m}a_r^pd_{n+1}^q(r)+\frac{1}{p}t^{-q}s^{\frac{p}{q}}\sum_{r=1}^{m}b_r^qc_{n+1}^p(r)$$
$$+\Big(\frac{1}{q}-\frac{1}{p}\Big)t^{-q}s^{\frac{p}{q-p}}\sum_{r=1}^{m}b_r^qd_{n+1}^q(r)$$
$$-\sum_{r=1}^{m}a_rb_rc_{n+1}(r)d_{n+1}(r)\geqslant 0. \qquad (5.3.6)$$

(5.3.5)和(5.3.6)式告诉我们

$$F_1(n,n;s,t)\leqslant F_1(n+1,n;s,t)\leqslant F_1(n+1,n+1;s,t). \qquad (5.3.7)$$

记 $A_r=A_r(n+1,1)$，$B_r=B_r(n+1,1)$，

$$s_1^{p^2/(p-q)q}-\Big(\sum_{r=1}^{n+1}b_r^qB_r\Big)\Big/\Big(\sum_{r=1}^{n+1}b_r^qA_r\Big),$$
$$t_1^{pq}=\Big(\sum_{r=1}^{n+1}b_r^qA_r\Big)^{\frac{q}{p}}\Big(\sum_{r=1}^{n+1}b_r^qB_r\Big)^{1-\frac{q}{p}}\Big/\Big(\sum_{r=1}^{n+1}a_r^pB_r\Big).$$

我们得到

$$F(n+1,n+1;s_1,t_1)=\Big(\sum_{r=1}^{n+1}b_r^qB_r\Big)^{\frac{1}{q}-\frac{1}{p}}\Big(\sum_{r=1}^{n+1}b_r^qA_r\Big)^{\frac{1}{p}}\Big(\sum_{r=1}^{n+1}a_r^pB_r\Big)^{\frac{1}{p}}$$
$$-\sum_{r=1}^{n+1}a_rb_r\Big(\sum_{k=1}^{n+1}c_k(r)d_k(r)\Big), \qquad (5.3.8)$$

$$F_1(n,n;s_1,t_1)\leqslant F_1(n+1,n+1;s_1,t_1). \tag{5.3.9}$$

又由于

$$\min_{t,s>0}\{F_1(n,n;s,t)\}=F_1(n,n;s_0,t_0), \tag{5.3.10}$$

其中

$$s_0^{p^2/(p-q)q}=\Big(\sum_{r=1}^n b_r^q B_r'\Big)\Big/\Big(\sum_{r=1}^n b_r^q A_r'\Big),$$

$$t_0^{pq}=\Big(\sum_{r=1}^n b_r^q A_r'\Big)^{\frac{q}{p}}\Big(\sum_{r=1}^n b_r^q B_r'\Big)^{1-\frac{q}{p}}\Big/\Big(\sum_{r=1}^n a_r^p B_r'\Big),$$

$A_r'=A_r(n,1)$, $B_r'=B(n,1)$, 因此由(5.3.9)可得

$$F_1(n,n;s_0,t_0)\leqslant F_1(n+1,n+1;s_1,t_1). \tag{5.3.11}$$

我们现在来证明定理 5.2.1. 取

$$c_k(r)=a_k\big(1-e(r)\,\tilde{e}(k)+e(k)\,\tilde{e}(r)\big)^{\frac{1}{p}},$$

$$d_k(r)=b_k\big(1-e(r)\,\tilde{e}(k)+e(k)\,\tilde{e}(r)\big)^{\frac{1}{q}},$$

经过一些简单的计算，得

$$\sum_{r=1}^N a_r b_r\Big(\sum_{k=1}^N a_k b_k\Big)\big(1-e(r)\,\tilde{e}(k)+e(k)\,\tilde{e}(r)\big)=\Big(\sum_{r=1}^N a_r b_r\Big)^2, \tag{5.3.12}$$

$$\begin{aligned}\sum_{r=1}^N b_r^q B_r(N,1)&=\sum_{r=1}^N b_r^q\Big(\sum_{k=1}^N b_k^q\Big)\big(1-e(r)\,\tilde{e}(k)+e(k)\,\tilde{e}(r)\big)\\&=\Big(\sum_{r=1}^N b_r^q\Big)^2,\end{aligned} \tag{5.3.13}$$

$$\sum_{r=1}^N b_r^q A_r(N,1)=\sum_{r=1}^N b_r^q\Big(\sum_{k=1}^N a_k^p\Big)\big(1-e(r)\,\tilde{e}(k)+e(k)\,\tilde{e}(r)\big), \tag{5.3.14}$$

$$\sum_{r=1}^N a_r^p B_r(N,1)=\sum_{r=1}^N a_r^p\Big(\sum_{k=1}^N b_k^q\Big)\big(1-e(r)\,\tilde{e}(k)+e(k)\,\tilde{e}(r)\big). \tag{5.3.15}$$

在(5.3.12),(5.3.13),(5.3.14)和(5.3.15)中，分别取 $N=n,n+1$，将它们代入(5.3.11)中即得定理结论. □

5.4 改进后的 Beesack 不等式构成函数的单增性[胡16]

本节其实是阐述上节定理 5.3.2 的应用.

设 $u(x)$ 为 $[0,b]$ 上的绝对连续函数，记为 $u\in AC[0,b]$. 1960 年

Z. Opial 证明了：设 $u \in AC[0,b]$，$u(0)=0$，则[O1]

$$\int_0^b |uu'|\mathrm{d}x \leqslant \frac{b}{2}\int_0^b |u'|^2\mathrm{d}x. \tag{A}$$

此后，Beesack 将(A) 改进为[B1″]

$$\int_0^b |uu'|\mathrm{d}x \leqslant \frac{1}{2}\left(\int_0^b |B^{-q}(x)|\mathrm{d}x\right)^{\frac{2}{q}}\left(\int_0^b |B^p(x)||u'|^p\mathrm{d}x\right)^{\frac{2}{p}}, \tag{B}$$

其中 $p>1$，$\frac{1}{p}+\frac{1}{q}=1$，$B^{-q}\in L(0,b)$，$|B^p||u'|^p \in L(0,b)$.

本节给出 Beesack 不等式(B) 的一个较好改进与推广.

定理 5.4.1　设 $1-e(x)\tilde{e}(y)+e(y)\tilde{e}(x)\geqslant 0$，$p>1$，$\frac{1}{p}+\frac{1}{q}=1$ 和 $u\in AC[0,b]$，且 $u(0)=0$. 当 $0\leqslant b_1<b$ 时，有

$$\begin{aligned}\int_{b_1}^b |u||u'|\mathrm{d}x \leqslant{}& \frac{1}{2}\left(\int_0^b |B^{-q}(x)|\mathrm{d}x\right)^{\frac{2}{q}}\left(\int_0^b |B^p(x)||u'|^p\mathrm{d}x\right)^{\frac{2}{p}}\\ &\cdot\left(1-\omega^2(e,u';0,b)\right)^{\theta(p)}-\frac{1}{2}\left(\int_0^{b_1}|B^{-q}(x)|\mathrm{d}x\right)^{\frac{2}{q}}\\ &\cdot\left(\int_0^{b_1}|B^p(x)||u'|^p\mathrm{d}x\right)^{\frac{2}{p}}\left(1-\omega^2(e,u';0,b_1)\right)^{\theta(p)},\end{aligned} \tag{5.4.1}$$

其中

$$\begin{aligned}\omega(e,u';0,t)={}&\left[\int_0^t |B^{-q}(x)|\tilde{e}(y)\mathrm{d}y\int_0^t |B^p(x)|e(x)|u|^p\mathrm{d}x\right.\\ &\left.-\int_0^t |B^{-q}(x)|e(x)\mathrm{d}x\int_0^t |B^p(x)||u'|^p\tilde{e}(y)\mathrm{d}y\right]\Big/\\ &\int_0^t |B^{-q}(x)|\mathrm{d}x\int_0^t |B^p(x)||u'|^p\mathrm{d}x\end{aligned}$$

及

$$\theta(p)=\frac{1}{p},\ p\geqslant 2;\quad \theta(p)=\frac{p-1}{p},\ 1<p<2.$$

(5.4.1) 式等号成立当且仅当 $|u'|^p=|B(x)|^{-(p+q)}$.

证　因 $u\in AC[0,b]$，可记 $h(t)=\int_0^b |u'|\mathrm{d}x$. 又 $u(0)=0$，即有 $|u(t)|\leqslant h(t)$. 所以我们得到

$$\int_{b_1}^{b}|uu'|\mathrm{d}x\leqslant\int_{b_1}^{b}hh'\mathrm{d}x=\frac{1}{2}(h^2(b)-h^2(b_1))$$
$$=\frac{1}{2}\Big[\Big(\int_0^b|u'|\mathrm{d}x\Big)^2-\Big(\int_0^{b_1}|u'|\mathrm{d}x\Big)^2\Big].\qquad(5.4.2)$$

在定理 5.3.2 中取 $g(x)=\frac{1}{B(x)}$, $f(x)=|u'(x)|B(x)$, 由(5.4.2)即可得定理. □

5.5 Opial-华罗庚型不等式问题的解决且其构成函数具有单增性[胡17]

设 $u\in AC[0,b]$ 和 $u(0)=0$, 则有

$$\int_0^b|u|^p|u'|^q\mathrm{d}x\leqslant\frac{qb^p}{p+q}\int_0^b|u'|^{p+q}\mathrm{d}x,\quad p\geqslant 0,\ q\geqslant 1.\quad(5.5.1)$$

此不等式当 $q=1$ 时为精确的, $u(x)=cx$ 可使等号成立; 当 $q>1$ 时(5.5.1)为严格的不等式. Das 将(5.5.1)中 $\frac{q}{p+q}$ 改小为 $\frac{q^{\frac{q}{p+q}}}{p+q}$,[D1] 仍然不是精确的. 那么我们要问:"当 $q\neq 1$ 时, 如(5.5.1)形式的不等式的精确表示式应当如何呢?" 这就是历时 30 多年未解决的所谓 Opial-华罗庚型积分不等式精确表示式问题. 我们在这一节把条件 $p>0$, $q>1$ 改弱为 $p,q>0$, $p+q>1$, 并给予回答. 给出的证明却是初等的, 具体如下(参考[陈 1]):

定理 5.5.1 设 $u\in AC[0,b]$, $u(0)=0$ 和 $p,q>0$, $p+q>1$. 若 $0\leqslant b_1<b$, 则

$$\int_{b_1}^b|u|^p|u'|^q\mathrm{d}x+\frac{p(q-1)}{p+q}\Big(\int_{b_1}^b x^{-q}|u|^{p+q}\mathrm{d}x\Big)+\frac{pqs}{2(p+q)}\omega(b_1,b)$$
$$\leqslant\frac{q}{p+q}\Big(b^p\int_0^b|u'|^{p+q}\mathrm{d}x-b_1^p\int_0^{b_1}|u'|^{p+q}\mathrm{d}x\Big),\qquad(5.5.2)$$

其中

$$\omega(b_1,b)=\int_{b_1}^b t^{p-1}\int_0^t|u'|^{p+q}\mathrm{d}x\left[\frac{\int_0^t e(x)|u'|^{p+q}\mathrm{d}x}{\int_0^t|u'|^{p+q}\mathrm{d}x}\right]^2\mathrm{d}t$$

及 $1-e(x)+e(y)\geqslant 0$, $e(x)=\frac{1}{2}\cos\frac{\pi x}{t}$, $s=\min\{1,p+q-1\}$. 等号

成立当且仅当函数 $u = cx$.

证　为方便起见，先设 $s = p + q - 1 \leqslant 1$，又已设 $u \in AC[0,b]$ 和 $u(0) = 0$，则有 $|u(t)| \leqslant \int_0^t |u'| \mathrm{d}x$. 由定理 5.3.2，取 $f = \tilde{e} = 1$，$g = |u'|$，并以 $\frac{p+q}{s}$ 代替 p，$q + p$ 代替 q 得

$$|u|^{p+q} t^{1-p-q} \leqslant \int_0^t |u'|^{p+q} \mathrm{d}x \left[1 - \left(\frac{\int_0^t e(x) |u'|^{p+q} \mathrm{d}x}{\int_0^t |u'|^{p+q} \mathrm{d}x}\right)^2\right]^{\frac{s}{2}}$$

$$\leqslant \int_0^t |u'|^{p+q} \mathrm{d}x - \frac{s}{2}\left(\int_0^t |u'|^{p+q} \mathrm{d}x\right)\left(\frac{\int_0^t e(x) |u'|^{p+q} \mathrm{d}x}{\int_0^t |u'|^{p+q} \mathrm{d}x}\right)^2 . \tag{5.5.3}$$

当 $s > 1$ 时，令 $g = \tilde{e} = 1$，$f = |u'|$，并以 $p + q$ 代替 p，以 $\frac{p+q}{s}$ 代替 q. 根据定理 5.3.2，(5.5.3) 式的括号[] 上的指数只能是 $\frac{1}{2}$.

又由基础关系式可得

$$|u|^p |u'|^q \leqslant \frac{p}{p+q} t^{-q} |u|^{p+q} + \frac{q}{p+q} t^p |u'|^{p+q}. \tag{5.5.4}$$

令

$$F(t) = \frac{q}{p+q} t^p \int_0^t |u'|^{p+q} \mathrm{d}x - \int_0^t |u|^p |u'|^q \mathrm{d}x - \frac{p(q-1)}{p+q} \int_0^t x^{-q} |u|^{p+q} \mathrm{d}x, \tag{5.5.5}$$

由(5.5.3) 和(5.5.4) 可知

$$\begin{aligned} F'(t) &= \frac{pq}{q+p} t^{p-1} \int_0^t |u'|^{p+q} \mathrm{d}x + \frac{q}{p+q} t^p |u'|^{p+q} \\ &\quad - |u|^p |u'|^q - \frac{p(q-1)}{p+q} t^{-q} |u|^{p+q} \\ &\geqslant \frac{qp}{p+q} t^{p-1} \int_0^t |u'|^{p+q} \mathrm{d}x - \frac{pq}{p+q} t^{-q} |u|^{p+q} \\ &\geqslant \frac{pqs}{2(p+q)} \omega'(0,t), \end{aligned} \tag{5.5.6}$$

对(5.5.6)式两边从 b_1 到 b 积分，即得(5.5.1)式. □

5.6　复合指数函数间的基础不等式

定理 5.6.1[胡18]　设 $f(x)=\sum_{k=1}^{\infty}A_kx^k$，$F(x)=e^{f(x)}=\sum_{k=0}^{\infty}D_kx^k$ 在 $|x|<1$ 内成立. 记

$$(1-x)^{-h}=\sum_{k=0}^{\infty}d_k(h)x^k,$$

$$d_k(h)=\frac{h(h+1)\cdots(h+k-1)}{k!},$$

$$\Delta_k^{(p)}(h)=h^{-p}\sum_{k=1}^{n}k^{p-1}|A_k|^p-\sum_{k=1}^{n}\frac{1}{k},\quad p\geqslant 2$$

及

$$\theta_n^{(p)}(h)=\frac{1}{d_n(h+1)}\sum_{k=0}^{n}\frac{|D_k|^p}{d_k^{p-1}(h)}\exp\left\{-\frac{h}{d_n(h+1)}\sum_{k=1}^{n}d_{n-k}(h)\Delta_k^{(p)}(h)\right\},$$

则当 $h>0$ 时，有

$$\theta_n^{(p)}(h)\leqslant\theta_{n-1}^{(p)}(h)\leqslant\cdots\leqslant\theta_0^{(p)}(h)=1.\tag{5.6.1}$$

当 $p=2$ 时为 Milin-Lebejev 的结果[M1].

证　由假设 $\frac{xF'(x)}{F(x)}=xf'(x)$，即

$$\sum_{k=1}^{\infty}kD_kx^k=\left(\sum_{k=1}^{\infty}kA_kx^k\right)\left(\sum_{k=0}^{\infty}D_kx^k\right),$$

可得

$$kD_k=kA_k+(k-1)A_{k-1}D_1+\cdots+A_1D_{k-1}.\tag{5.6.2}$$

由 Hölder 不等式，得

$$\begin{aligned}k|D_k|&\leqslant\sum_{i=0}^{k-1}(k-i)|A_{k-i}||D_i|\\&=\sum_{i=0}^{k-1}(k-i)|A_{k-i}|d_i^{1/p}(h)|D_i|d_i^{1/p-1}(h)d_i^{1-2/p}(h)\\&\leqslant\left[\sum_{i=0}^{k}d_{k-i}(h)|iA_i|^p\right]^{\frac{1}{p}}\left(\frac{\sum_{i=0}^{k-1}|D_i|^p}{d_i^{p-1}(h)}\right)^{\frac{1}{p}}\left(\sum_{i=0}^{k-1}d_i(h)\right)^{1-\frac{2}{p}}.\end{aligned}\tag{5.6.3}$$

因为

$$d_n(h)=d_{n+1}(h)+\frac{1-h}{n+1}d_n(h), \tag{5.6.4}$$

$$d_n(h+1)=\sum_{i=0}^{n}d_i(h)=\frac{n+1}{h}d_{n+1}(h)=\frac{n+h}{h}d_n(h), \tag{5.6.5}$$

$$kd_{n-k}(h)=nd_{n-k}(h+1)-(h+n)d_{n-k-1}(h+1), \tag{5.6.6}$$

所以(5.6.3)式可写为

$$\begin{aligned}\sum_{i=0}^{k}\frac{|D_i|^p}{d_i^{p-1}(h)}&\leqslant\sum_{i=0}^{k-1}\frac{|D_i|^p}{d_i^{p-1}(h)}+\frac{1}{h^{p-2}k^2d_k(h)}\\&\quad\cdot\Big(\sum_{i=0}^{k}d_{k-i}(h)|iA_i|^p\Big)\sum_{i=0}^{k-1}\frac{|D_k|^p}{d_i^{p-1}(h)}\\&=\frac{k+h}{k}\sum_{i=0}^{k-1}\frac{|D_k|^p}{d_i^{p-1}(h)}\left\{\frac{k}{k+h}+\frac{\sum\limits_{i=0}^{k}d_{k-i}(h)|iA_i|^p}{h^{p-2}k(k+h)d_k(h)}\right\}.\end{aligned} \tag{5.6.7}$$

由于 $x\leqslant e^{x-1}$，而 $k>1$ 时随之有

$$\sum_{i=0}^{k}\frac{|D_i|^p}{d_i^{p-1}(h)}\leqslant\frac{d_k(h+1)}{d_{k-1}(h+1)}\sum_{i=0}^{k-1}\frac{|D_i|^p}{d_i^{p-1}(h)}\exp\left\{\frac{\sum\limits_{i=0}^{k}d_{k-i}(h)|iA_i|^p}{h^{p-2}k(k+h)d_k(h)}-\frac{h}{k+h}\right\}. \tag{5.6.8}$$

由(5.6.6)，得

$$\begin{aligned}\sum_{i=1}^{k}\frac{id_{k-i}(h)i^{p-1}|A_i|^p}{khd_k(h+1)}&=\frac{\sum\limits_{i=0}^{k}d_{k-i}(h+1)i^{p-1}|A_i|^p}{hd_k(h+1)}\\&\quad-\frac{\sum\limits_{i=0}^{k}d_{k-i-1}(h+1)i^{p-1}|A_i|^p}{hd_{k-1}(h+1)}.\end{aligned} \tag{5.6.9}$$

而

$$\sum_{i=1}^{k}d_{k-i}(h+1)i^{p-1}|A_i|^p=\sum_{i=1}^{k}d_{k-i}(h)\sum_{s=1}^{i}s^{p-1}|A_s|^p, \tag{5.6.10}$$

$$\begin{aligned}\frac{\sum\limits_{i=1}^{k}d_{k-i}(h)i^p|A_i|^p}{k(k+h)d_k(h)}&=\frac{\sum\limits_{i=1}^{k}d_{k-i}(h)\sum\limits_{s=1}^{i}s^{p-1}|A_s|^p}{hd_k(h+1)}\\&\quad-\frac{\sum\limits_{i=1}^{k-1}d_{k-i-1}(h)\sum\limits_{s=1}^{i}s^{p-1}|A_s|^p}{hd_{k-1}(h+1)}.\end{aligned} \tag{5.6.11}$$

当取 $A_i = \frac{h\eta}{i}$，$|\eta| = 1$ 时，则有

$$h^{2-p}\left(\frac{\sum_{i=1}^{k} d_{k-i}(h) i^p |A_i|^p}{k(k+h)d_k(h)}\right) - \frac{h}{k+h} = 0. \tag{5.6.12}$$

结合(5.6.11)式就得到

$$\begin{aligned} & h^{2-p}\frac{\sum_{i=1}^{k} d_{k-i}(h) i^p |A_i|^p}{k(k+h)d_k(h)} - \frac{h}{k+h} \\ &= \frac{h}{d_k(h+1)}\sum_{i=1}^{k} d_{k-i}(h)\Delta_i^{(p)}(h) \\ &\quad - \frac{h}{d_{k-1}(h+1)}\sum_{i=1}^{k-1} d_{k-i}(h)\Delta_i^{(p)}(h). \end{aligned} \tag{5.6.13}$$

将(5.6.13)代入(5.6.8)式，整理后即得 $\theta_n^{(p)}(h) \leqslant \theta_{n-1}^{(p)}(h)$. □

定理 5.6.2 [胡19]　设 $p \geqslant 2$，$h > 0$，记

$$\overline{\Delta}_n^{(p)}(h) = h^{2-p}\sum_{k=1}^{n} k^{p-1}|A_k|^p - \sum_{k=1}^{n}\frac{1}{k},$$

$$Q_n^{(p)}(h) = \frac{1}{n+1}\sum_{k=1}^{n}\frac{|D_k|^p}{d_k^{p-2}(h)}\exp\left\{-\frac{1}{n+1}\sum_{k=1}^{n}\overline{\Delta}_n^{(p)}(h)\right\},$$

则

$$Q_n^{(p)}(h) \leqslant Q_{n-1}^{(p)}(h) \leqslant \cdots \leqslant Q_0^{(p)}(h) = 1.$$

当 $p = 2$ 时为 Milin-Lebejev 不等式.

证　由(5.6.2)及 Hölder 不等式，有

$$\begin{aligned} n|D_n| &\leqslant \sum_{k=1}^{n}(n-k+1)|A_{n-k+1}|\frac{|D_{k-1}|}{d_{k-1}^{1-2/p}(h)}d_{k-1}^{1-2/p}(h) \\ &\leqslant \left(\sum_{k=1}^{n}|kA_k|^p\right)^{\frac{1}{p}}\left(\frac{\sum_{k=0}^{n-1}|D_k|^p}{d_k^{p-2}(h)}\right)^{\frac{1}{p}}\left(\sum_{k=0}^{n-1}d_k(h)\right)^{1-\frac{2}{p}}. \end{aligned} \tag{5.6.14}$$

由(5.6.5)式，立得

$$\frac{n^2|D_n|^p}{d_n^{p-2}(h)} \leqslant h^{2-p}\left(\sum_{k=1}^{n}|kA_k|^p\right)\sum_{k=0}^{n-1}\frac{|D_k|^p}{d_k^{p-2}(h)}. \tag{5.6.15}$$

记 $S_n=\sum_{k=0}^{n}\frac{|D_k|^p}{d_k^{p-2}(h)}$，(5.6.15) 可写成

$$\begin{aligned}S_n&\leqslant\frac{n+1}{n}S_{n-1}\left[\frac{n}{n+1}+\frac{h^{2-p}}{n(n+1)}\sum_{k=1}^{n}|kA_k|^p\right]\\&\leqslant\frac{n+1}{n}S_{n-1}\exp\left\{\frac{h^{2-p}}{n(n+1)}\sum_{k=1}^{n}|kA_k|^p-\frac{1}{n+1}\right\}\\&=\frac{n+1}{n}S_{n-1}\exp\left\{\sum_{k=1}^{n}\frac{\overline{\Delta}^{(p)}(h)}{n+1}-\sum_{k=1}^{n-1}\frac{\overline{\Delta}^{(p)}(h)}{n}\right\}.\end{aligned}\tag{5.6.16}$$

整理一下即得结论. □

定理 5.6.3　同定理 5.6.1 所设，则有

$$|D_n|\leqslant d_n(h)\exp\left\{\frac{1}{p}\left(\frac{h}{d_n(h)}\sum_{k=1}^{n}d_{n-k}(h-1)\Delta_k^{(p)}(h)\right)\right\}.\tag{5.6.17}$$

证　由(5.6.7) 式、定理 5.6.1 及 $x\leqslant e^{x-1}$ 得

$$\begin{aligned}|D_n|^p&\leqslant\frac{d_n^{p-2}(h)}{n^2h^{p-2}}\left(\sum_{k=1}^{n}d_{n-k}(h)|kA_k|^p\right)\sum_{k=0}^{n-1}\frac{|D_k|^p}{d_k^{p-1}(h)}\\&=\frac{d_n^{p-1}(h)}{nh^{p-2}}\theta_{n-1}^{(p)}(h)\left(\sum_{k=1}^{n}d_{n-k}(h)|kA_k|^p\right)\\&\quad\cdot\exp\left\{\frac{h^2}{nd_n(h)}\sum_{k=1}^{n-1}d_{n-k-1}(h)\Delta_k^{(p)}(h)\right\}\\&\leqslant d_n^p(h)\exp\left\{\frac{h^2}{nd_n(h)}\sum_{k=1}^{n-1}d_{n-k-1}(h)\Delta_k^{(p)}(h)\right.\\&\quad\left.+\frac{\sum_{k=1}^{n}d_{n-k}(h)|kA_k|^p}{nh^{p-1}d_n(h)}-1\right\}.\end{aligned}\tag{5.6.18}$$

又由(5.6.13) 式可以写成

$$\begin{aligned}&\frac{\sum_{k=1}^{n}d_{n-k}(h)|kA_k|^p}{h^{p-1}nd_n(h)}-1\\&=(n+h)\left(\frac{\sum_{k=1}^{n}d_{n-k}(h)\Delta_k^{(p)}(h)}{d_n(h+1)}-\frac{\sum_{k=1}^{n-1}d_{n-k-1}(h)\Delta^{(p)}(h)}{d_{n-1}(h+1)}\right).\end{aligned}\tag{5.6.19}$$

将其代入(5.6.18)式，注意 $d_{k+1}(h)-d_k(h)=d_{k+1}(h-1)$，经过简单的运算，即可得到定理的结论. □

注意：当 $p=2$ 时，(5.6.17)式为 Milin-Lebejev 不等式.

推论 5.6.1

$$|D_n|\leqslant \exp\left\{\frac{1}{p}\Delta_n^{(p)}(1)\right\}. \tag{5.6.20}$$

推论 5.6.2 已知 $\delta_n(h)=\max\limits_{1\leqslant k\leqslant n}\Delta_k^{(p)}(h)$，$\delta_n^+(h)=\max\{0,\delta_n(h)\}$. 则当 $h\geqslant 1$ 时，有

$$|D_n|\leqslant d_n(h)\exp\left\{\frac{1}{p}\left(h\frac{d_{n-1}(h)}{d_n(h)}\delta_n(h)\right)\right\}. \tag{5.6.21}$$

推论 5.6.3

$$\sum_{k=0}^{n}\frac{|D_k|^p}{d_k^{p-1}(h)}\leqslant d_n(h+1)\exp\{h\delta_n^+(h)\}. \tag{5.6.22}$$

推论 5.6.4 对于每一个 $n\ (>1)$ 及任一 $h>0$，有

$$\sum_{k=1}^{n}k^{p-1}|D_k|^p\leqslant h^{p-1}d_n^p(h+1)\exp\{h\delta_n^+(h)\}. \tag{5.6.23}$$

证 考虑等式

$$\sum_{k=1}^{n}k^{p-1}|D_k|^p=\sum_{k=1}^{n}\frac{k^{p-1}d_k^{p-1}(h)|D_k|^p}{d_k^{p-1}(h)}.$$

因 $kd_k(h)=hd_{k-1}(h+1)$ 为 k 的增数列，可得

$$\sum_{k=1}^{n}k^{p-1}|D_k|^p\leqslant h^{p-1}d_{n-1}^{p-1}(h+1)\sum_{k=0}^{n}\frac{|D_k|^p}{d_k^{p-1}(h)}.$$

由(5.6.22)，我们就得到(5.6.23). □

推论 5.6.5 当 $0<h<1$，$n>1$ 时，有

$$\sum_{k=0}^{n}|D_k|^p\leqslant\Big(\sum_{k=1}^{n}d_k^p(h)\Big)\exp\{h\delta_n^+(h)\}. \tag{5.6.24}$$

证 因为 $h\in[0,1]$，$d_k^{p-1}(h)-d_{k+1}^{p-1}(h)>0$，而

$$\sum_{k=0}^{n}|D_k|^p=d_n^{p-1}(h)\sum_{k=0}^{n}|D_k|^p d_k^{1-p}(n)$$

$$+\sum_{k=0}^{n-1}(d_k^{p-1}(h)-d_{k+1}^{p-1}(h))\sum_{i=0}^{k}|D_i|^p d_i^{1-p}(h),$$

我们利用(5.6.22)式及(5.6.5)式便得

$$\sum_{k=0}^{n}|D_k|^p \leqslant \Big(d_n^{p-1}(h)d_n(h+1)+\sum_{k=0}^{n-1}(d_k^{p-1}(h)-d_{k+1}^{p-1}(h))$$

$$\cdot d_k(h+1)\Big)\exp\{h\delta_n^+(h)\}$$

$$\leqslant \Big(\sum_{k=0}^{n}d_k^p(h)\Big)\exp\{h\delta_n^+(h)\}. \qquad \square$$

5.7　有关复合指数函数的单调性不等式

定理5.7.1[胡20]　设 $D_k, A_k, d_k(h)$ 如5.6节中所定义，又设 $x\in[0,1]$，

$$F(x)=\Big(\sum_{k=0}^{n}|D_k|^p d_k^{1-p}(h)x^k\Big)\exp\Big\{-h^{1-p}\sum_{k=1}^{n}k^{p-1}|A_k|^p x^k\Big\}, \tag{5.7.1}$$

则 $F(x)$ 为 x 的减函数.

证　由(5.6.3)式可得

$$n|D_n|^p \leqslant h^{1-p}\sum_{k=1}^{n}(n-k+1)^p|A_{n-k+1}|^p|D_{k-1}|^p d_{k-1}^{1-p}(h)d_n^{p-1}(h), \tag{5.7.2}$$

对上式两边乘以 x^n 并求和，得

$$\sum_{k=1}^{n}k|D_k|^p d_k^{1-p}(h)x^k$$

$$\leqslant h^{1-p}\sum_{k=1}^{n}\sum_{i=1}^{k}(k-i+1)^p|A_{k-i+1}|^p|D_{i-1}|^p d_{i-1}^{1-p}(h)x^k$$

$$\leqslant h^{1-p}\Big(\sum_{k=0}^{n}k^p|A_k|^p x^k\Big)\Big(\sum_{k=0}^{n}|D_k|^p d_k^{1-p}(h)x^k\Big). \tag{5.7.3}$$

记

$$F_1(x)=\sum_{k=0}^{n}|D_k|^p d_k^{1-p}(h)x^h,\quad F_2(x)=\sum_{k=1}^{n}k^{p-1}|A_k|^p x^k,$$

则可写(5.7.3)式为

$$F_1'(x)\leqslant h^{1-p}F_1(x)F_2'(x). \tag{5.7.4}$$

那么记

$$F(x)=F_1(x)\exp\{-h^{1-p}F_2(x)\},$$

则由(5.7.4)式得

$$\begin{aligned}F'(x)&=(F_1'(x)-h^{1-p}F_1(x)F_2'(x))\exp\{-h^{1-p}F_2(x)\}\\&<0.\end{aligned}$$

□

推论 5.7.1 同上所设，则

$$\sum_{k=0}^{n}|D_k|^p d_k^{1-p}(h)x^k\leqslant\exp\Big\{h^{1-p}\sum_{k=1}^{n}k^{p-1}|A_k|^p x^k\Big\}.\qquad(5.7.5)$$

当 $n\to\infty$ 时(5.7.5)式为 Milin-Lebejev 不等式.

注意：定理 5.7.1 比 Milin-Lebejev 不等式(推论 5.7.1)有较强的性质，然而正是这一点较强的性质，解决了单叶函数中一个较难而有趣的问题. 还有第一个新的基础不等式构成函数的单调性，在单叶函数中也是很有用处的，请参看[胡 4]. 限于专业函数的知识多，不便说明. 至于 Opial- 华罗庚型积分不等式研究，Pachpatte，B. G. 于 1998 年出版了一本研究专著[P1]《微分与积分方程不等式》，可参考.

第 6 章

单调函数和单调数列有关不等式

6.1　单调数列和单调函数有关 Tchebychef 不等式

若非负数列$\{a_k\}$ $(k=1,2,\cdots)$具有$a_1\leqslant a_2\leqslant\cdots$，则称$\{a_k\}$为递增的；若具有$a_1\geqslant a_2\geqslant\cdots$，则称$\{a_k\}$为递减的. 若满足的不等式中去掉等号，则分别称之为严格递增的和严格递减的. 它们均称为单调数列. 同样对递增或递减函数(或严格递增或递减函数)也称为单调函数. 单调数列与单调函数对重要的不等式的构成与论证起着关键性的作用.

定理 6.1.1 (Tchebychef 不等式)　设$f(x),g(x),h(x)$为$[a,b]$内连续函数，$h(x)$为$[a,b]$内正值函数. 则有

$$\begin{aligned}\Delta&=\int_a^b h(x)\mathrm{d}x\int_a^b h(x)f(x)g(x)\mathrm{d}x-\int_a^b h(x)f(x)\mathrm{d}x\int_a^b h(x)g(x)\mathrm{d}x\\&=\frac{1}{2}\int_a^b\int_a^b h(x)h(y)(f(x)-f(y))(g(x)-g(y))\mathrm{d}x\mathrm{d}y.\end{aligned}\qquad(6.1.1)$$

若$f(x),g(x)$在$[a,b]$上同为递增或递减的，则$\Delta\geqslant 0$；若$f(x),g(x)$在$[a,b]$上一个递增，另一个为递减的，则$\Delta\leqslant 0$.

定理 6.1.2　设$f(x)$在$[a,b]$上为正值递增的，$g(x)$为递减的，$h(x)$如定理 6.1.1 所设. 则有

$$\frac{\int_a^b h(x)f(x)g(x)\mathrm{d}x}{\int_a^b h(x)f(x)\mathrm{d}x}\leqslant\frac{\int_a^b h(x)g(x)\mathrm{d}x}{\int_a^b h(x)\mathrm{d}x}.\qquad(6.1.2)$$

又若$f(x)=x$，$g(x)$在$[a,b]$上为正值递减的，$h(x)=g(x)$，$a>0$，则有

$$\frac{\int_a^b x g^2(x)\mathrm{d}x}{\int_a^b x g(x)\mathrm{d}x} \leqslant \frac{\int_a^b g^2(x)\mathrm{d}x}{\int_a^b g(x)\mathrm{d}x}. \tag{6.1.3}$$

不等式(6.1.3) 1951年首先由Ky Fan提出，1955年Schwerdt- Feger给出证明. 显然，(6.1.3) 为(6.1.1) 的特例.

定理6.1.3 设 $g(x)$ 为 $[a,b]$ 上递增的函数，$\alpha>0$，$a>0$. 则有

$$\int_a^b x^\alpha g(x)\mathrm{d}x \geqslant \frac{1}{1+\alpha}\left(\frac{b^{\alpha+1}-a^{\alpha+1}}{b-a}\right)\int_a^b g(x)\mathrm{d}x. \tag{6.1.4}$$

定理6.1.4 设 $\{a_k\}$, $\{b_k\}$ 和 $\{p_k\}$ $(k=1,2,\cdots)$ 为三组正数数列，则有 Tchebechef 等式

$$\begin{aligned}\Delta &= \sum_{u=1}^n p_u \sum_{v=1}^n p_v a_v b_v - \sum_{u=1}^n p_u a_u \sum_{v=1}^n p_v b_v \\ &= \frac{1}{2}\sum_{u=1}^n\sum_{v=1}^n p_u p_v (a_u-a_v)(b_u-b_v).\end{aligned} \tag{6.1.5}$$

若 $\{a_k\}$, $\{b_k\}$ 同为递增的或递减的，则 $\Delta\geqslant 0$；若 $\{a_k\}$, $\{b_k\}$ 之一为递增，另一为递减的，则 $\Delta\leqslant 0$.

特别地，若 $\{a_k\}$, $\{b_k\}$ 同为递增或递减的，$p_k=1$，则有

$$\left(\sum_{k=1}^n a_k\right)\left(\sum_{k=1}^n b_k\right)\leqslant n\sum_{k=1}^n a_k b_k; \tag{6.1.6}$$

若 $\{p_k\}=\{a_k\}$，$\{a_k\}$, $\{b_k\}$ 同为递增或递减的，则有

$$\left(\sum_{k=1}^n a_k b_k\right)\left(\sum_{k=1}^n a_k^2\right) < \left(\sum_{k=1}^n a_k\right)\left(\sum_{k=1}^n a_k^2 b_k\right). \tag{6.1.7}$$

6.2 Schur 不等式

定理6.2.1 (Schur) 设 x,y,z 均为正数，λ 为实数. 则有

$$\begin{aligned}A &= x^\lambda(x-y)(x-z)+y^\lambda(y-z)(y-x) \\ &\quad + z^\lambda(z-x)(z-y)\geqslant 0.\end{aligned} \tag{6.2.1}$$

等号成立限于 $x=y=z$.

证 若 $y=z$，则有 $A=x^\lambda(x-y)^2$. 如果 x,y,z 均不相等，可设 $z<y<x$. 考虑 $\lambda\geqslant 0$ 和 $\lambda<0$ 两种情形.

若 $\lambda \geqslant 0$，则

$$\begin{aligned} A &= (x-y)[x^{\lambda}(x-z)-y^{\lambda}(y-z)]+z^{\lambda}(z-x)(z-y) \\ &> (x-y)(x^{\lambda}-y^{\lambda})(y-z)+z^{\lambda}(x-z)(y-z)>0. \end{aligned}$$

若 $\lambda<0$，则

$$\begin{aligned} A &= x^{\lambda}(x-y)(x-z)+(y-z)[-y^{\lambda}(x-y)+z^{\lambda}(x-z)] \\ &> x^{\lambda}(x-y)(x-z)+(y-z)(-y^{\lambda}+z^{\lambda})(x-z)>0. \end{aligned}$$ □

6.3 Fejer 猜想，Turan 惊奇及简短的证明

1910 年 Fejer 猜想：三角函数级数

$$\pi - x = 2\sum_{k=1}^{\infty}\frac{\sin kx}{k}, \quad 0<x\leqslant\pi$$

的所有部分和

$$S_n(x)=\sum_{k=1}^{n}\frac{\sin kx}{k}>0, \quad n=1,2,\cdots, \ 0<x<\pi.$$

1911 年 Jackson 首先给出证明. 随后 Fejer 等相继给出证明. 但证明较长较复杂. 1952 年 Turan 给出惊奇、简短的证明. 他关注如下简单的事实：

设 $\{a_k\}$ $(k=1,2,\cdots)$ 为正的严格递减数列. 设 $S_m=\sum\limits_{k=1}^{m}b_k\geqslant 0$. 若有 $S_1>0$，则有

$$\sum_{k=1}^{n}a_kb_k=\sum_{k=1}^{n-1}S_k(a_k-a_{k+1})+a_nS_n>0. \tag{6.3.1}$$

已知

$$\sum_{k=1}^{n}\sin\,(2k-1)x=\frac{\sin^2(n-x)}{\sin x}, \quad 0<x<\pi, \tag{6.3.2}$$

$$\frac{\mathrm{d}}{\mathrm{d}t}\left[\frac{\sin 2kt}{2k(\sin t)^{2k}}\right]=-\frac{\sin\,(2k-1)t}{(\sin t)^{2k+1}}, \tag{6.3.3}$$

即得

$$\frac{\sin kx}{k}=2\int_{\frac{x}{2}}^{\frac{\pi}{2}}\left(\frac{\sin(x/2)}{\sin\theta}\right)^{k}\frac{\sin\,(2k-1)\theta}{\sin\theta}\mathrm{d}\theta. \tag{6.3.4}$$

因而有

$$\sum_{k=1}^{n}\frac{\sin kx}{k}=2\int_{\frac{x}{2}}^{\frac{\pi}{2}}\sum_{k=1}^{n}\left(\frac{\sin(x/2)}{\sin\theta}\right)^{2k}\frac{\sin\,(2k-1)\theta}{\sin\theta}\mathrm{d}\theta. \tag{6.3.5}$$

记

$$r^{2k}=\left(\frac{\sin(x/2)}{\sin\theta}\right)^{2k},\quad k=1,2,\cdots.$$

明显 r^{2k} 为递减的，当 $0<x<\pi$，$\frac{x}{2}\leqslant\theta\leqslant\frac{\pi}{2}$ 时，由(6.3.1)和(6.3.2)即有

$$\sum_{k=1}^{n} r^{2k}\sin(2k-1)\theta>0,\quad 0<\theta<\pi. \tag{6.3.6}$$

由(6.3.5)，即简易证明了 Fejer 猜想.

6.4 重排数列

我们首先回顾第 5 章和本章前三节论证的不等式和定理.

第 5 章将重要的不等式构成函数后，论证其具有单调性. 以增加此不等式进一步性质. 有的在应用时，说明了它可以改进一些问题，解决某一问题.

在 6.1 节，利用函数的单调性或数列的单调性，产生了著名的 Tchebychef 不等式及相关不等式.

在 6.2 节说明了利用其表示式中数值隐含有简单的单调性，因此证明了一个优秀不等式 ——Schur 不等式.

在 6.3 节说明 Turan 观察到三角函数的几个特殊性质，利用数列严格递减性和 Abel 求和定理，惊奇、简短地证明了著名 Fejer 猜想.

上面说明：一个函数或一个数列已给定了它们具有单调性，或经过加工，可以构成函数的单调性是很有用处的. 如果找不到这些特点，将如何处理呢? 这就是本节要介绍的重排数列和重排函数问题以及其用处.

此节先介绍重排数列概念及其性质.

一个问题中含有一数列$\{a_k\}$ $(k=1,2,\cdots)$，一般此数列并不一定具有单调性. 在某一种情况下是否变更$\{a_k\}$的性质呢? 这就出现了有限变数重新排列的问题. 设$\{a_k\}$,$\{b_k\}$为由有限非负数组成的有限集，定义如下：

$\{a_k^+\}$ 为集合$\{a_k\}$按递增方式重新排列的集合，即

$$a_1^+\leqslant a_2^+\leqslant\cdots\leqslant a_n^+;$$

$\{a_k^-\}$ 为集合$\{a_k\}$按递减方式重新排列的集合，即

$$a_1^-\geqslant a_2^-\geqslant\cdots\geqslant a_n^-.$$

则有

$$\sum_{j=1}^{n} a_j^+ b_{n+1-j}^+ \leqslant \sum_{k=1}^{n} a_k b_k \leqslant \sum_{k=1}^{n} a_k^+ b_k^+. \tag{6.4.1}$$

设$\{a_k\}$ $(k=1,2,\cdots,n)$已是按升序排列的集合，存在一个 j 和一个 k 使得 $a_j \leqslant a_k$，$b_j > b_k$，因而

$$a_j b_k + a_k b_j - (a_j b_j + a_k b_k) = (a_k - a_j)(b_j - b_k) \geqslant 0.$$

所以 b_j 与 b_k 交换时不会使 $\sum\limits_{k=1}^{n} a_k b_k$ 减少. 通过有限次这种交换，即可得出 $\{b_k\}$ $(k=1,2,\cdots,n)$ 按升序排列的新集合，即有(6.4.1) 右式. 可以用同样的方法证明(6.4.1) 左边的不等式. 下一节我们举例说明(6.4.1) 的用处.

6.5　Polya 定理的改进

Polya 证明了如下性质：

设 p 为素数，$1 \leqslant m < p$，$X(k)$ 为非主特征$(\bmod\ p)$. 则有

$$\left|\sum_{n=1}^{m} X(n)\right| \leqslant \sqrt{p}\log p. \tag{6.5.1}$$

其关键之一是证明了：

$$T_p = \sum_{n=1}^{p-1} \left|\sin\left(\frac{nm}{p}\right)\pi\right| \Big/ \left|\sin\frac{n\pi}{p}\right| < p\log p,\quad 1 \leqslant m < p. \tag{6.5.2}$$

著者 1957 年利用数列重排，改进了(6.5.2) 式，因而改进了 Polya 的结果. [胡41]

定理 6.5.1　*设 p 为奇素数，$1 \leqslant m < p$，$X(k)$ 为非主特征$(\bmod\ p)$. 则有*

$$\left|\sum_{n=1}^{m} X(n)\right| \leqslant \frac{2}{\pi}\sqrt{p}\log p + \frac{\pi}{2\sqrt{p}}. \tag{6.5.3}$$

在此只改进(6.5.2)，其他就不再阐述了. 即需证明：

$$T_p \leqslant \frac{2}{\pi} p\log p + \frac{\pi}{2}. \tag{6.5.4}$$

因为$\left|\sin\dfrac{n\pi}{p}\right| = \left|\sin\dfrac{p-n}{p}\right|$，所以有 $p-1$ 个正数，$n=1,2,\cdots,p-1$，实际上只有$\dfrac{p-1}{2}$个不同的正数：$\left|\sin\dfrac{n\pi}{p}\right|$，$n=1,2,\cdots,\dfrac{p-1}{2}$. 由于$1 \leqslant m < p$，所以$\left|\sin\dfrac{nm\pi}{p}\right|$和$\left|\sin\dfrac{n\pi}{p}\right|$一样也只有$\dfrac{p-1}{2}$个不同的正数：

$\left|\sin\dfrac{n\pi}{p}\right|$, $n=1,2,\cdots,\dfrac{p-1}{2}$. 因此由不等式(6.4.1)就有

$$\begin{aligned}T_p &\leqslant 2\sum_{n=1}^{(p-1)/2}\sin\left(\frac{p+1}{2}-n\right)\frac{\pi}{p}\Big/\sin\frac{n\pi}{p}\\ &=2\sum_{n=1}^{(p-1)/2}\sin\frac{(p+1)\pi}{2p}\cos\frac{n\pi}{p}\Big/\sin\frac{n\pi}{p}+(p-1)\sin\frac{\pi}{2p}\\ &\leqslant\frac{\pi}{2}+2\sum_{n=1}^{(p-1)/2}\cot\frac{n\pi}{p}\\ &\leqslant\frac{\pi}{2}+\frac{2p}{\pi}\sum_{n=1}^{(p-1)/2}\frac{1}{n}.\end{aligned}\tag{6.5.5}$$

又

$$\sum_{n=1}^{(p-1)/2}\frac{1}{n}\leqslant\sum_{n=1}^{(p-1)/2}\left[\log\left(1+\frac{1}{2n}\right)\Big/\left(1-\frac{1}{2n}\right)\right]=\log p,\tag{6.5.6}$$

由(6.5.6)和(6.5.5)，即得(6.5.4).

如果用定理4.10.2中的(4.10.3)式右边不等式：

$$\sum_{k=1}^{n}\frac{1}{k}\leqslant\log n+\gamma+\frac{1}{2n},\tag{6.5.7}$$

其中γ为Euler常数，以及不等式

$$\frac{x}{1-x/2}<\log\frac{1}{1-x},\quad 0<x<1,\tag{6.5.8}$$

即可将(6.5.5)改进. 自然就可以改进Polya定理了. 这里就没有必要详述. 参看[胡42].

6.6 重排函数和Hardy-Littlewood极大定理

先介绍一下重排函数. 设 $f(x)\geqslant 0$ 在$[0,a]$上为可积的，$u(y)=\{x: f(x)>y\}$为可测集. 可见$u(y)$为非增函数.

如果两函数 $f_1(x), f_2(x)$ 具有同一可测函数 $u(y)$，那么它们的Lebesgue积分相等：

$$\int_0^a f_1(x)\mathrm{d}x=\int_0^a f_2(x)\mathrm{d}x.$$

如果两函数有同一可测函数(如上所述)，则说此两函数为等可测函数.

如果 $u(y)$ 如上所述为与 $f(x)$ 相关的可测函数，它的反函数记为 $f^*(x)=u^{-1}(x)$，规范化为$f^*(x)=f^*(x+)$，叫$f^*(x)$为$f(x)$递减重排

函数. 可见 $f^*(x)$ 和 $f(x)$ 为等可测函数. 现令

$$A(x,\xi)=A(x,\xi;f)=\frac{1}{x-\xi}\int_\xi^x f(t)\mathrm{d}t,\quad 0\leqslant\xi<x$$

及

$$\theta(x)=\theta(x;f)=\sup_{0\leqslant\xi<x}A(x,\xi;f). \tag{6.6.1}$$

定理 6.6.1 (Hardy-Littlewood)　若 $s(y)$ 为任一非减函数定义于 $y\geqslant 0$，则

$$\int_0^a s(\theta(x;f))\mathrm{d}x\leqslant\int_0^a s(\theta(x;f^*))\mathrm{d}x. \tag{6.6.2}$$

定理 6.6.2 (Riesz)　若 $\theta(x;f),f^*$ 分别为 $\theta(x;f)$ 和 $f(x)$ 递减重排函数，则

$$\theta^*(x;f)\leqslant\theta(x;f^*). \tag{6.6.3}$$

定理 6.6.3 (Riesz)　令 $g(x)$ 在 $[0,a]$ 上连续，而令 $E=\{x: x\in(0,a)\}$，且存在一点 $\xi\in[0,a)$ 使 $g(\xi)<g(x)$. 则 E 为开集：$E=\bigcup(a_k,b_k)$，其中所有区间 (a_k,b_k) 都互不相交，且 $g(a_k)\leqslant g(b_k)$.

证　因 $\xi<x$ 及 $g(\xi)<g(x)$，经过微小的变动，是不会受扰动的，所以 E 为开集. 要证 $g(a_k)\leqslant g(b_k)$.

若 $g(a_k)>g(b_k)$，我们选取最小的数 $x_0\in(a_k,b_k)$，且考虑 x_1 而 $g(x)$ 在此点 $x_1\in[0,x_0]$ 取最小值. 那么 $x_1\notin(a_k,x_0)$，这是因为这些点都在 E 内. 不然，$g(a_k)<g(x_1)$，因而 $x_1\in[0,a_k]$. 但因 $a_k\notin E$，$g(a_k)\leqslant g(x_1)$ 对所有 $x_1\in[0,a_k]$ 成立，所以 $x_1=a_k$，特别 $g(a_k)\leqslant g(x_0)$. 现令 $x_0\to b_k$，最后得到 $g(a_k)\leqslant g(b_k)$. □

现在来证明(6.6.3)式. 对任意固定的 $y_0\geqslant 0$，应用定理6.6.3于下面的函数：

$$g(x)=\int_0^x f(t)\mathrm{d}t-y_0x. \tag{6.6.4}$$

E 为如下的点集，对它存在 $\xi\in[0,x]$，具 $A(x,\xi;f)>y_0$，换言之，

$$E=\{x: \theta(x;f)\}>y_0. \tag{6.6.5}$$

另一方面，条件 $g(a_k)\leqslant g(b_k)$ 表示 $A(a_k,b_k;f)\geqslant y_0$. 因而

$$\begin{aligned}\int_E f(x)\mathrm{d}x&=\sum_k\int_{a_k}^{b_k}f(x)\mathrm{d}x\geqslant y_0\sum_k(b_k-a_k)\\&=y_0m(E),\end{aligned} \tag{6.6.6}$$

其中 $m(E)$ 为 E 的测度. 现在令

$$f_1(x)=\begin{cases}f(x), & x\in E,\\ 0, & x\notin E.\end{cases}$$

因 $f_1(x)\leqslant f(x)$，随之有 $f_1^*(x)\leqslant f^*(x)$，所以由(6.6.6)，得

$$\begin{aligned}\theta(m(E);f^*)&=A(m(E),0;f^*)\geqslant A(m(E),0;f_1^*)\\&=\frac{1}{m(E)}\int_0^a f_1(x)\mathrm{d}x=\frac{1}{m(E)}\int_E f(x)\mathrm{d}x\geqslant y_0.\end{aligned}\tag{6.6.7}$$

这就是说，(6.6.7) 对任意选定的 y_0 成立. 现给定 $x_0\in(0,a]$，选取 $y_0=\theta^*(x_0;f)$，那么由(6.6.5) 及 θ^* 的定义，$m(E)=x_0$.

由(6.6.7) 就得出

$$\theta(x_0;f^*)\geqslant y_0=\theta^*(x_0;f).\tag{6.6.8}$$

这就证明了(6.6.3) 式.

即刻可从(6.6.3) 式导出(6.6.2) 式，这是因为 $\theta(x)$ 和 $\theta^*(x)$ 为等可测函数，而

$$\int_0^a s(\theta(x;f))\mathrm{d}x\leqslant\int_0^a s(\theta^*(x;f))\mathrm{d}x.\tag{6.6.9}$$

□

附录　Gram 不等式的证明

设 $\boldsymbol{x}_1, \boldsymbol{x}_2, \cdots, \boldsymbol{x}_n$ 为一酉(Unitary)空间 X 的向量，$(\boldsymbol{x}, \boldsymbol{y})$ 为两向量 $\boldsymbol{x}, \boldsymbol{y}$ 的内积($(\boldsymbol{x}, \boldsymbol{y}) = \overline{(\boldsymbol{y}, \boldsymbol{x})}$)，则称

$$G(\boldsymbol{x}_1, \boldsymbol{x}_2, \cdots, \boldsymbol{x}_n) = \begin{pmatrix} (\boldsymbol{x}_1, \boldsymbol{x}_1) & (\boldsymbol{x}_1, \boldsymbol{x}_2) & \cdots & (\boldsymbol{x}_1, \boldsymbol{x}_n) \\ (\boldsymbol{x}_2, \boldsymbol{x}_1) & (\boldsymbol{x}_2, \boldsymbol{x}_2) & \cdots & (\boldsymbol{x}_2, \boldsymbol{x}_n) \\ \vdots & \vdots & & \vdots \\ (\boldsymbol{x}_n, \boldsymbol{x}_1) & (\boldsymbol{x}_n, \boldsymbol{x}_2) & \cdots & (\boldsymbol{x}_n, \boldsymbol{x}_n) \end{pmatrix}$$

为向量 $\boldsymbol{x}_1, \boldsymbol{x}_2, \cdots, \boldsymbol{x}_n$ 的 **Gram 矩阵**，又称

$$\Gamma(\boldsymbol{x}_1, \boldsymbol{x}_2, \cdots, \boldsymbol{x}_n) = \det G(\boldsymbol{x}_1, \boldsymbol{x}_2, \cdots, \boldsymbol{x}_n)$$

为向量 $\boldsymbol{x}_1, \boldsymbol{x}_2, \cdots, \boldsymbol{x}_n$ 的 **Gram 行列式**，则我们有 Gram 不等式

$$\Gamma(\boldsymbol{x}_1, \boldsymbol{x}_2, \cdots, \boldsymbol{x}_n) \geqslant 0, \tag{1}$$

等号成立当且仅当向量 $\boldsymbol{x}_1, \boldsymbol{x}_2, \cdots, \boldsymbol{x}_n$ 线性相关.

证　若向量 $\boldsymbol{x}_1, \boldsymbol{x}_2, \cdots, \boldsymbol{x}_n$ 线性相关，即存在不全为零的 $a_1, a_2, \cdots, a_n$ 使下式成立：

$$a_1 \boldsymbol{x}_1 + a_2 \boldsymbol{x}_2 + \cdots + a_n \boldsymbol{x}_n = \boldsymbol{0}. \tag{2}$$

因此对任意的 k $(k = 1, 2, \cdots, n)$，

$$a_1(\boldsymbol{x}_1, \boldsymbol{x}_k) + a_2(\boldsymbol{x}_2, \boldsymbol{x}_k) + \cdots + a_n(\boldsymbol{x}_n, \boldsymbol{x}_k) = 0, \tag{3}$$

即是说，(1) 等号成立($\Gamma(\boldsymbol{x}_1, \boldsymbol{x}_2, \cdots, \boldsymbol{x}_n) = 0$)，反之若 $\Gamma(\boldsymbol{x}_1, \boldsymbol{x}_2, \cdots, \boldsymbol{x}_n) = 0$，则(3) 有非平凡解 a_k，$k - 1, 2, \cdots, n$. 现在我们来证明对数值 a_k，(2) 成立. 因(3) 可写成

$$(a_1 \boldsymbol{x}_1 + a_2 \boldsymbol{x}_2 + \cdots + a_n \boldsymbol{x}_n, \boldsymbol{x}_k) = 0, \quad k = 1, 2, \cdots, n,$$

两边乘以 $\overline{a_k}$，有 $\sum\limits_{k=1}^{n} \overline{a_k}(a_1 \boldsymbol{x}_1 + a_2 \boldsymbol{x}_2 + \cdots + a_n \boldsymbol{x}_n, \boldsymbol{x}_k) = 0$，此即

$$(a_1 \boldsymbol{x}_1 + \cdots + a_n \boldsymbol{x}_n, a_1 \boldsymbol{x}_1 + \cdots + a_n \boldsymbol{x}_n) = 0,$$

因此(2) 成立.

下面证明 $\Gamma(\boldsymbol{x}_1, \boldsymbol{x}_2, \cdots, \boldsymbol{x}_n) > 0$. 当 $\boldsymbol{x}_1, \boldsymbol{x}_2, \cdots, \boldsymbol{x}_n$ 线性无关时，设

$$\boldsymbol{y}_r = \left[\begin{array}{ccc:c} & & & \boldsymbol{x}_1 \\ & \boldsymbol{G}(\boldsymbol{x}_1,\cdots,\boldsymbol{x}_{r-1}) & & \vdots \\ & & & \boldsymbol{x}_{r-1} \\ \hdashline (\boldsymbol{x}_r,\boldsymbol{x}_1) & \cdots & (\boldsymbol{x}_r,\boldsymbol{x}_{r-1}) & \boldsymbol{x}_r \end{array}\right]. \tag{4}$$

有关上式最后一列行列式形式表示，有

$$(\boldsymbol{y}_r,\boldsymbol{x}_s) = \left|\begin{array}{ccc:c} & & & (\boldsymbol{x}_1,\boldsymbol{x}_s) \\ & G(\boldsymbol{x}_1,\cdots,\boldsymbol{x}_{r-1}) & & \vdots \\ & & & (\boldsymbol{x}_{r-1},\boldsymbol{x}_s) \\ \hdashline (\boldsymbol{x}_r,\boldsymbol{x}_1) & \cdots & (\boldsymbol{x}_r,\boldsymbol{x}_{r-1}) & (\boldsymbol{x}_r,\boldsymbol{x}_s) \end{array}\right|. \tag{5}$$

易见，当 $s<r$ 时，$(\boldsymbol{y}_r,\boldsymbol{x}_s)=0$，由此即得(记 $\|\boldsymbol{y}_r\|^2=(\boldsymbol{y}_r,\boldsymbol{y}_r)$)

$$\begin{aligned}\|\boldsymbol{y}_r\|^2 &= \left|\begin{array}{ccc:c} & & & 0 \\ & G(\boldsymbol{x}_1,\cdots,\boldsymbol{x}_{r-1}) & & \vdots \\ & & & 0 \\ \hdashline (\boldsymbol{x}_r,\boldsymbol{x}_1) & \cdots & (\boldsymbol{x}_r,\boldsymbol{x}_{r-1}) & (\boldsymbol{x}_r,\boldsymbol{y}_r) \end{array}\right| \\ &= \Gamma(\boldsymbol{x}_1,\cdots,\boldsymbol{x}_{r-1})(\boldsymbol{x}_r,\boldsymbol{y}_r).\end{aligned}$$

由(5)，$s=r$，我们有$(\boldsymbol{y}_r,\boldsymbol{x}_r)=\Gamma(\boldsymbol{x}_1,\boldsymbol{x}_2,\cdots,\boldsymbol{x}_r)$. 因而

$$\|\boldsymbol{y}_r\|^2 = \Gamma(\boldsymbol{x}_1,\boldsymbol{x}_2,\cdots,\boldsymbol{x}_{r-1})\Gamma(\boldsymbol{x}_1,\boldsymbol{x}_2,\cdots,\boldsymbol{x}_r). \tag{6}$$

特别地，对 $r=2$，有 $\|\boldsymbol{y}_2\|^2=\Gamma(\boldsymbol{x}_1)\,\overline{\Gamma(\boldsymbol{x}_1,\boldsymbol{x}_2)}$，即

$$\overline{\Gamma(\boldsymbol{x}_1,\boldsymbol{x}_2)} = \frac{\|\boldsymbol{y}_2\|^2}{\|\boldsymbol{x}_1\|^2} > 0.$$

所以$\overline{\Gamma(\boldsymbol{x}_1,\boldsymbol{x}_2)}>0$，即 $\Gamma(\boldsymbol{x}_1,\boldsymbol{x}_2)>0$. 由归纳法即可推出

$$\Gamma(\boldsymbol{x}_1,\boldsymbol{x}_2,\cdots,\boldsymbol{x}_n) > 0. \qquad \square$$

Gram 不等式有许多证明，此处的证明请参看参考书目[3].

参 考 书 目

[1] Beckenbach E F, Bellman R. Inequalities. Springer-Verlag, 1983

[2] Hardy G H, Littlewood J E, Pólya G. Inequalities, 2nd Edition. Cambridge University Press, 1952

[3] Mitrinovic D S, Pečarić J E, Fink A M. Classical and New Inequalities. Kluwer Academic Publishers, 1993

[4] G. H. 哈代，J. E. Littlewood，G. 波利亚著. 不等式. 越民义译. 北京：科学出版社，1965

参 考 文 献

Aharonov, D.

[A1] On Bieberbach-Eilenberg functions. Butt. Math, 712, 1970: 101-104

Beckenbach, E. F.

[B1] On Holder inequality. J. Math. Appl. 15, 1966: 21-29

Baertnstein, A.

[B1′] Integral meens univalent functions and circular synimetrieation. Acta Math., 133, 1994: 139-169

Beesack, P. R.

[B1″] On an integral inequality of Z. Opial. Trans, Amer. Math. Soc., 104, 1962: 470-475

陈文忠，冯恭己，王兴华

[陈 1] Opial 不等式 20 年. 数学研究与评论，14 (2)，1982：151-166

Das, D. M. and Beesack, P. R.

[D1] Extension of Opial's inequality. Pacivic J. Math., 26, 1968: 215-231

Fan. K. Todd

[F1] A determinantal inequality. J. London Math. Soc., 30, 1955: 58-64

Hsu, L. C. and Wang, Y. J.

[H1] A refinement of Hilbert's double series theorem. Math. Res. Exp., 11(1), 1991: 143-144

胡克

[胡 1] 几个重要的不等式. 江西师范学院学报(自)，1，1979：1-4

[胡 2] 一个不等式及其若干应用. 中国科学，2，1981：141-148

[胡 3] 再论几个不等式. 江西师范学院学报(自), 2, 1979: 1-8
[胡 4] 单叶函数的若干问题. 武汉: 武汉大学出版社, 2001: 108-142
[胡 5] 关于 Minkowski 不等式. 江西师范大学学报, 19, 1995: 285-287
[胡 6] 论 Nagy-Carlson 型不等式. 江西师范大学学报, 17 (2), 1993: 89-91
[胡 7] 关于 Beekenbach 不等式. 江西师范大学学报, 18 (2), 1994: 140-141
[胡 8] Opial-Olech 型不等式的改进及其应用. 数学研究与评论, 14 (2), 1994: 249-254
[胡 9] 论 Opial-Beesack 不等式. 江西师范大学学报, 19 (1), 1995: 23-26
[胡 10] 伪平均不等式的改进与推广. 抚州师专学报, 1, 1996: 1-3
[胡 11] 一个新的不等式及若干应用. 数学理论与应用, 22 (2), 2002: 1-6
[胡 12] 论 Hölder 不等式. 江西师范大学学报(自), 18 (3), 1994: 205-207
[胡 13] 关于 Minkowski 定理. 江西师范大学学报(自), 19 (4), 1995: 285-287
[胡 14] 一个不等式及其若干重要应用. 江西师范大学学报(自), 18, 1994
[胡 15] 论一个不等式及若干应用. 数学与物理学报, 2, 1998: 192-199
[胡 16] 关于 Opial 型积分不等式. 江西师范大学学报(自), 18 (4), 1995: 23-26
[胡 17] 论 Opial-华罗庚型积分不等式. 数学年刊, 17A (5), 1996: 517-518
[胡 18] 米林-列别杰夫不等式推广. 江西师范学院学报, 1, 1980: 14-17
[胡 19] 论米林-列别杰夫指数化不等式. 数学年刊, 2 (1), 1981: 21-24
[胡 20] Adiacent coefficients of mean univalent functions. J. of Math., 13 (4), 1993: 413-418
[胡 21] On Hilbert-Ingham Inequality and Its Applications. 数学研究与评论, 4, 1996: 521-525
[胡 22] On Hilbert Inequality and Its Applications. 数学进展, 22 (2), 1993: 160-163
[胡 23] On Hilbert-Ingham Inequality and Its Applications. 数学杂志, 16 (3), 1996: 299-302
[胡 24] On Hilbert Type Inequality and Its Application. 江西师范大学学报, 25 (2), 2001: 115-120
[胡 25] 关于 Fejer-Riesz 不等式(英). 数学进展, 28 (4), 1999: 309-312

[胡26]　几个重要的不等式. 江西师范学院学报，1，1979：1-4

[胡27]　On Hilbert Inequality. Chin. Ann. of Math.，13B (1)，1992：35-39

[胡28]　关于 Hardy-Littlewood-Polya 不等式及其应用. 数学年刊，15A (5)，1994：524-527

[胡29]　关于 Hardy-Littlewood-Polya 不等式及其应用. 数学理论与应用.

[胡30]　关于 Hardy-Littlewood-Polya 不等式. 数学物理学报，20 (121)，2000：95-98

[胡31]　关于 Hardy 不等式. 江西师范大学学报，24 (2)，2000：95-98

[胡32]　关于 Hardy 之一不等式. 江西师范大学学报，22 (1)，1998：1-3

[胡33]　不等式进一步的性质. 江西师范学院学报，1，1984：1-2

[胡34]　凸函数不等式的注记. 江西师范学院学报，1，1986：1-3

[胡35]　关于 Polya,Mordell 的不等式. 江西师范大学学报，23 (2)，1999：103-105

[胡36]　关于 van der Corput 不等式. 数学杂志，23 (1)，2003：126-128

[胡37]　关于 Landau 不等式. 数学研究与评论，26 (1)，2006：189-190

[胡38]　关于 Aczel-Popovicin-Vasic 不等式. 江西师范大学学报(自)，30 (2)，2006：158-160

[胡39]　On Polya-Szegö Inequalities. Analysis in Theory and Applications. Quarterly，21 (4)，2005：395-398

[胡40]　Hölder 不等式进一步性质. 江西师范大学学报(自)，1，1984：1-2

[胡41]　关于 Polya 定理的改进. 江西师范大学学报(自)，1978：16-18

[胡42]　关于 Polya，Mordell 的不等式. 江西师范大学学报(自)，23 (2)，1999：103-105

Jenkins，S. A.

[J1]　On Bieberbach-Eilenbeg functions. Trans. Amer. Soc.，36，1954：369-396

Jichang，K.

[J1′]　Applied Inequalities [M]. 3nd. ed. Shandong Science and Technology Press，2004，491-492

Milin，I. M.

[M1]　Univalent functions and orthonormal systems，Ch. Ⅱ (Russian). Moscow，1971

Mingzke, G.

[M1′] On Heisenberg's Inequality. J. of Math. & Appl., 23, 1999: 727-734

Nagy, B.

[N1] Uber Carlsonche Und Verwante Ungleichungen. Mat. Fiz. Lapok. 48, 1941: 162-170

Opial, Z.

[O1] Sur une inegalite. Ann. Polon. Math., 8, 1960: 29-32

Olech, C. A.

[O1′] A simple proof of certain results of Z. Opial. Ann. Polon. Math., 8, 1960: 61-63

Pachatte, B. G.

[P1] Inequalities for defferential and integral equaties. Academic Press

潘承洞、潘承彪

[潘1] 解析数论基础. 北京：科学出版社，1991：580-600

石焕南

[石1] 初等对称函数对偶式的Schur凸性及其应用. 东北师范大学学报(自然科学版)，33，2001：24-27

van der Corput, J. G.

[V1] Generalizations of Carleman's inequality. Koninklijk Akademie van Watenschappen to Amstardam XXXIX, 8, 1936

Wang, Z. L. and Wang, X. H.

[W1] Inequalities of Rado-Popovicin Type for Functions and Their Applications. J. of Math. Ann. & Appl., 100, 1984: 436-446

徐利治、郭永康

[徐1] 关于Hilbert不等式的Hardy-Riesz拓广的注记. 数学季刊，6(1)，1991：75-77

Yan Bichen and Gao Mingzhe

[Y1] On the extended Hilbert's inequality. Proceeding of AMS, 126 (3), 1998: 751-759

杨必成

[杨 1] 关于一个推广的 Hardy-Hilbert 不等式. 数学年刊，33A (2)，2002：247-254

[杨 2] Note on Hardy's Inequality. J. of Math. Ana. & Appl.，234，1999：717-772

杨学枝

[杨 1′] 不等式研究. 西藏人民出版社，2000：58-64

Zygmund，A

[Z1] Trigonometrical Series. Warsaw，1952：60-70

赵长健

[赵 1] Generalization On New Hilbert Type Inequality. 数学杂志，20 (4)，2000：413-416

赵德钧

[赵 1′] 关于 Hilbert 重级数定理一个改进. 数学的实践与认识，1，1993：85-90